世界
動物の旅

Travel for Meeting Animals of the World

一生に一度は
会いに行きたい！

広大なサバンナの真ん中にあるロッジの見晴台で草原を眺めていると、遠くの茂みがごそごそ動き何かが近づいてくる。近づく先には小さな水飲み場。双眼鏡をのぞく。姿を現したのは子連れのクロサイ夫婦だ。そのずっと向こうを、金色の夕陽を浴びながら数頭のキリンがゆったり西へ移動している。

ナミビアとボツワナの国境を流れるチョベ川の中央にクルーズ船が停泊する。岸では数十頭もの巨象が戯れている。子象もいる。ひとしきり水を浴びたり、飲んだりして引き上げると、ついでイノシシの群れが現れる。ふと近くの木の上を見ると、一頭のライオンが枝にまたがってじっと群れを狙っている。

クリスタル・リバーのマナティー(➡P.26)　　ルレナバケのヨザル(➡P.160)

オーストラリア。カンガルーの群れに交じってこの大陸にラクダがいるのを不思議に思い、フィリップ島の、凍えるような夕暮れの浜辺で、海から戻ってくるフェアリーペンギンの群れを眺める。驚かさないよう、息をひそめて。世界一小さいというペンギンたちは、ひょこひょこと目の前を行進する。

アメリカのイエローストーンという、圧倒的なスケールの国立公園をドライブする。山あり湖あり峡谷あり。大荒野というほかない火山地帯の異様な絶景に息を呑みつつ走ると、バイソンやムースの群れに出くわす。不意に、ウインドー越しに獰猛なグリズリーベアの、虚ろで不気味な眼が出現し肝を冷やす。

ブウィンディ原生国立公園の
マウンテンゴリラ(➡P.68)

ロットネスト島のクォッカ(➡P.208)

この地球には、なんという多種多様の夥しい数の動物がいるのだろうか。その群れのひとつひとつが、さらには群れの一頭一頭が、「野生」のなかにいる。野生とは、絶えず死と隣り合って生きることだ。そこにあるのは、死を背にして生きる「命の群れ」にほかならない。人間は飼いならしたペットとともにとうに野生を失い、いま「動物に会う」旅に出て、野生の世界の匂いをもらいに行く。安全な場所から眺めては、動物たちに驚いたり癒されたりして、旅の日程をこなし日常へと戻ってくる。

野生のかけらもない安全な生活に戻りながら、しかしぼくらは、新しい旅の体感だけは深く身体に刻んで残す。今回の「地球新発見の旅」は、「命」のいとおしさを発見する旅になるはずだ。

地球新発見の旅
What am I feeling here ?
世界 動物の旅

目次

動物たちに会いたい!!

- 001 マドレーヌ島のタテゴトアザラシ カナダ
  HARP SEAL, ÎLES DE LA MADELEINE ……… 8
- 002 ボゴリア湖国立保護区のフラミンゴ ケニア
  FLAMINGO, LAKE BOGORIA NATIONAL RESERVE … 12
- 003 南極のジェンツーペンギン 南極
  GENTOO PENGUIN, ANTARCTICA ……… 16
- 004 成都パンダ繁殖育成研究基地のパンダ 中国
  GIANT PANDA, CHENGDU RESEARCH BASE OF GIANT PANDA BREEDING ……… 20
- 005 カラハリ砂漠のミーアキャット ボツワナ
  MEERKAT, KALAHARI DESERT ……… 24
- 006 クリスタル・リバーのマナティー アメリカ
  MANATEE, CRYSTAL RIVER ……… 26
- 007 フィリップ島のフェアリーペンギン オーストラリア
  FAIRY PENGUIN, PHILLIP ISLAND NATURE PARKS … 28
- 008 知床のヒグマ 日本
  BROWN BEAR, SHIRETOKO ……… 30

アフリカ AFRICA 34

- 009 マサイ・マラ国立保護区 ケニア
  MAASAI MARA NATIONAL RESERVE ……… 36
- 010 セレンゲティ国立公園 タンザニア
  SERENGETI NATIONAL PARK ……… 42
- 011 アンボセリ国立公園 ケニア
  AMBOSELI NATIONAL PARK ……… 46
- 012 ツァボ・ウエスト国立公園 ケニア
  TSAVO WEST NATIONAL PARK ……… 50
- 013 ンゴロンゴロ自然保護区 タンザニア
  NGORONGORO CONSERVATION AREA ……… 56
- 014 エトーシャ国立公園 ナミビア
  ETOSHA NATIONAL PARK ……… 62
- 015 ブウィンディ原生国立公園 ウガンダ
  BWINDI IMPENETRABLE NATIONAL PARK …… 68
- 016 マーチソン・フォールズ国立公園 ウガンダ
  MARCHISON FALLS NATIONAL PARK ……… 74
- 017 クイーン・エリザベス国立公園 ウガンダ
  QUEEN ELIZABETH NATIONAL PARK ……… 78
- 018 カリンズ森林保護区 ウガンダ
  KALINZU FOREST RESERVE ……… 84
- 019 チョベ国立公園 ボツワナ
  CHOBE NATIONAL PARK ……… 88
- 020 オカヴァンゴ湿地帯 ボツワナ
  OKAVANGO DELTA ……… 94
- 021 ベレンティ自然保護区 マダガスカル
  BERENTY RESERVE ……… 98

動物たちとハグ!!

- 022 ローン・パイン・コアラ・サンクチュアリ オーストラリア
  LONE PINE KOALA SANCTUARY ……… 102
- 023 ウォルター・ピーク高原牧場 ニュージーランド
  WALTER PEAK HIGH COUNTRY FARM ……… 104
- 024 ルミット村 タイ
  RUAMMIT ……… 106
- 025 メルズーガ モロッコ
  MERZOUGA ……… 108
- 026 ルハン動物園 アルゼンチン
  LUJAN ZOO ……… 110
- 027 シーライフ・パーク・ハワイ アメリカ
  SEA LIFE PARK HAWAII ……… 112

北アメリカ NORTH AMERICA 114

- 028 イエローストーン国立公園 アメリカ
  YELLOWSTONE NATIONAL PARK ……… 116
- 029 グランド・ティートン国立公園 アメリカ
  GRAND TETON NATIONAL PARK ……… 122
- 030 カトマイ国立公園・自然保護区 アメリカ
  KATMAI NATIONAL PARK & PRESERVE ……… 126
- 031 バッドランズ国立公園 アメリカ
  BADLANDS NATIONAL PARK ……… 130
- 032 ワプスク国立公園 カナダ
  WAPUSK NATIONAL PARK ……… 134

Travel for Meeting Animals of the World

CONTENTS

南アメリカ SOUTH AMERICA 138

- 033 ガラパゴス諸島 エクアドル
  ISLAS DE GALAPAGOS ……………… 140
- 034 イキトス ペルー
  IQUITOS ……………… 146
- 035 マヌー国立公園 ペルー
  PARQUE NACIONAL MANÚ ……………… 152
- 036 ルレナバケ ボリビア
  RURRENABAQUE ……………… 158
- 037 パンタナール自然保護地域 ブラジル
  PANTANAL CONSERVATION AREA ……………… 162
- 038 トレス・デル・パイネ国立公園 チリ
  PARQUE NACIONAL TORRES DEL PAINE ……………… 168

海の生き物たち!!

- 039 モントレー湾国立海洋自然保護区 アメリカ
  MONTEREY BAY NATIONAL MARINE SANCTUARY ……………… 174
- 040 バジェスタス島 ペルー
  BALLESTAS ISLANDS ……………… 176
- 041 グランド・リビエール トリニダード・トバゴ
  GRANDE RIVIERE ……………… 178
- 042 アイスクリーム サイパン
  ICECREAM ……………… 180
- 043 オスロブ フィリピン
  OSLOB ……………… 182
- 044 カイコウラ ニュージーランド
  KAIKOURA ……………… 184
- 045 バンクーバー島 カナダ
  VANCOUVER ISLAND ……………… 186

オセアニア OCEANIA 188

- 046 クレイドル・マウンテン-セント・クレア湖国立公園 オーストラリア
  CRADLE MOUNTAIN-LAKE ST CLAIR NATIONAL PARK ……………… 190
- 047 アサートン高原 オーストラリア
  ATHERTON TABLELAND ……………… 196
- 048 カンガルー島 オーストラリア
  KANGAROO ISLAND ……………… 202
- 049 ロットネスト島 オーストラリア
  ROTTNEST ISLAND ……………… 208
- 050 オタゴ半島 ニュージーランド
  OTAGO PENINSULA ……………… 212
- 051 スチュアート島 ニュージーランド
  STEWART ISLAND ……………… 216

アジア ASIA 220

- 052 ランタンボール国立公園 インド
  RANTHAMBORE NATIONAL PARK ……………… 222
- 053 ヤーラ国立公園 スリランカ
  YALA NATIONAL PARK ……………… 226
- 054 セピロック・オランウータン保護区 マレーシア
  SEPILOK ORANGUTAN SANCTUARY ……………… 232
- 055 コモド国立公園 インドネシア
  KOMODO NATIONAL PARK ……………… 236

世界のおもしろ動物園&人気の水族館!!

- シンガポール動物園 シンガポール ……………… 240
- 旭山動物園 日本 ……………… 241
- ヘンリー・ドーリー動物園 アメリカ ……………… 242
- サンディエゴ動物園 アメリカ ……………… 243
- ロンドン動物園 イギリス ……………… 243
- 長隆海洋王国 中国 ……………… 244
- 沖縄美ら海水族館 日本 ……………… 245
- 鶴岡市立加茂水族館 日本 ……………… 246
- ジョージア水族館 アメリカ ……………… 247
- 海遊館 日本 ……………… 247

日本にあるサファリパーク

- 富士サファリパーク ……………… 248
- 群馬サファリパーク ……………… 248
- 九州自然動物公園アフリカンサファリ ……………… 249

- 世界動物の旅MAP ……………… 6
- 取り扱い旅行会社 ……………… 250
- 現地ツアーの手配会社 ……………… 251
- 本書の使い方 ……………… 252
- インデックス ……………… 254

世界の動物たちに会いに行きたい!!
世界 動物の旅 MAP

あなたが会いたい動物はここにいます！

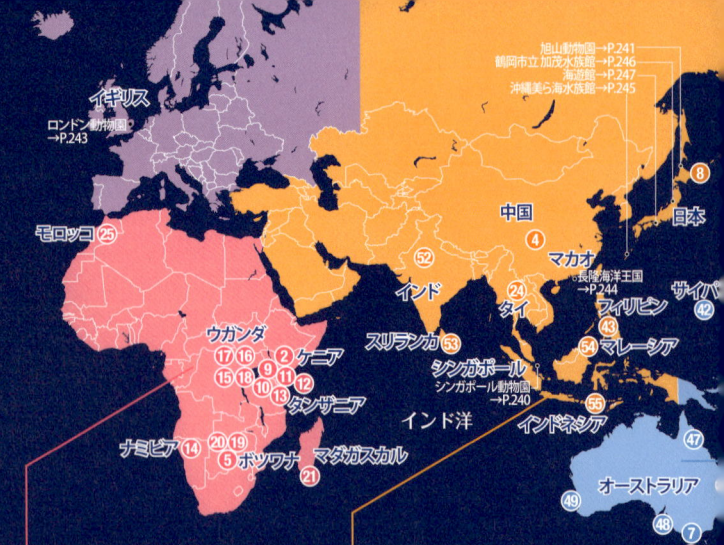

アフリカ AFRICA

2 ボゴリア湖国立保護区 →12

18 カリンズ森林保護区 →84

5 カラハリ砂漠 →24

19 チョベ国立公園 →88

9 マサイ・マラ国立保護区 →36

20 オカヴァンゴ湿地帯 →94

10 セレンゲティ国立公園 →42

21 ベレンティ自然保護区 →98

11 アンボセリ国立公園 →46

25 メルズーガ →108

12 ツァボ・ウエスト国立公園 →50

南極 ANTARCTICA

3 南極 →16

13 ンゴロンゴロ自然保護区 →56

14 エトーシャ国立公園 →62

アジア ASIA

4 成都パンダ繁殖育成研究基地 →20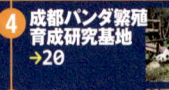

52 ランタンボール国立公園 →222

15 ブウィンディ原生国立公園 →68

8 知床 →30

53 ヤーラ国立公園 →226

16 マーチソン・フォールズ国立公園 →74

24 ルミット村 →106

54 セピロック・オランウータン保護区 →232

17 クイーン・エリザベス国立公園 →78

43 オスロブ →182

55 コモド国立公園 →236

動物たちに
会いたい!!
Lovely Animals

生まれたての赤ちゃんが待っている!

1 カナダ マドレーヌ島の
タテゴトアザラシ　➡P.32
Harp Seal, Îles de la Madeleine

CANADA

> 真っ白な丸々とした姿とつぶらな瞳が愛くるしい。ヘリコプターで会いに行く観察ツアーが人気だ

LOVELY ANIMALS｜動物たちに会いたい!!

カナダのセント・ローレンス湾に浮かぶマドレーヌ島の沖合は、タテゴトアザラシの限られた繁殖地のひとつ。厳寒期の2月下旬から3月上旬、アザラシの群れが北極から流氷に乗って現れ、氷上で出産や子育てに精を出す。丸々と太った真っ白な赤ちゃんに会いに行くツアーが人気を呼んでいる。

生まれたては黄色みがかった毛色。やがて純白になり、流氷の上で保護色となって身を守る

大人になって出てくる黒い模様が竪琴に似ているのが、タテゴトアザラシの名前の由来だ

ピンクの貴婦人たちが大空に舞い上がる

2 ケニア ボゴリア湖国立保護区の
フラミンゴ
➡P.32
Flamingo, Lake Bogoria National Reserve

ケニア中西部にある強アルカリ性の湖には、フラミンゴの好む赤い藻類が繁殖。エサを求めて約150万羽が群れをなす。フラミンゴの大群が一斉に飛び立ち、空をピンクに染める光景は圧巻の美しさだ。温泉の湧く湖周辺では、間欠泉が噴出する風景も見られる。

孵化直後の羽は白いが、赤い色素を持つ藻類やプランクトンを食べることで紅色や桃色になる

KENYA

LOVELY ANIMALS 動物たちに会いたい!!

ピンクの大群が一斉に舞い上がる光景は壮観のひとこと

ボゴリア湖はほかの生物には暮らしにくい強アルカリ塩湖。フラミンゴの脚は強いアルカリ性にも耐えられる

LOVELY ANIMALS 動物たちに会いたい!!

ボゴリア湖では比較的小ぶりなコフラミンゴが生息。年間を通して大群を目にすることができる

氷の上のアイドルは世界中の注目の的

3 南極の
ジェンツーペンギン ➡P.32
Gentoo Penguin, Antarctica

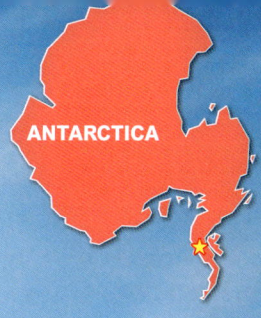

ANTARCTICA

流氷の上でひと休みするジェンツーペンギン。オキアミや小魚を食べる。泳ぐ速さは時速36km

LOVELY ANIMALS 動物たちに会いたい!!

　ペンギン最速の泳ぎを誇るジェンツーペンギンは、両目をつなぐ白い模様が特徴。南極最北端の南極半島と南極周辺の島々に営巣し、氷のない大地で子育てする。和名でオンジュン(温順)ペンギンと呼ばれるほど穏やかな性格で、好奇心が旺盛。南米発のクルーズツアーなどで会いに行ける。

お腹の下でぬくぬくと守られている子どもペンギン。子育てはオスとメスが交替で行なう

氷のない地面に小石で巣を作り産卵する。マカロニペンギンやヒゲペンギンも同じ繁殖域だ

子どものころは濃いグレーのふわふわの毛をまとっている。繁殖期以外は営巣地付近の海で暮らす

LOVELY ANIMALS 動物たちに会いたい!!

食べて遊んで戯れる子どもたち

4 [中国] 成都パンダ繁殖育成研究基地の
パンダ
➡P.32
Giant Panda, Chengdu Research Base of Giant Panda Breeding

チベット東部から中国南西部の山岳地帯を生息地とするパンダは、野生では約1600頭ほどしか残っていないといわれる稀少な動物。そんなパンダの保護や繁殖を行なう成都パンダ繁殖育成研究基地では、野生に近い環境のなか100頭以上のパンダが生活している。並んで寝ている赤ちゃんパンダや元気に遊ぶ子どもパンダなど、ここでしか見られないパンダの姿に癒されたい。

夢中で竹を食べるパンダたち。1日に最長14時間ほど食べ続け、摂取する竹の量は体重の約40％にも及ぶ

LOVELY ANIMALS 動物たちに会いたい!!

パンダは成体区、亜成体区、幼体飼育区などのエリアに分けて飼育されている。子どもパンダのエリアはとくに人気

子どもたちがじゃれあって遊ぶ姿が間近で見られる

基地内では仲良く並んでいることが多いが、野生では通常、単独で行動している

パンダは暑さに弱いため、夏はぐったり。秋〜冬の早朝に行くのがおすすめ

パンダはクマ科の動物のなかで唯一手で物をつかむことができる。大好物の竹を食べるために進化したという

LOVELY ANIMALS

動物たちに会いたい!!

23

直立不動で砂漠にたたずむ

5 ボツワナ カラハリ砂漠の
ミーアキャット
→P.33

Meerkat, Kalahari Desert

後ろ足で立つ愛らしいポーズは、天敵を見張り、また、夜に冷えた体を温めるためという。生息地はアフリカ南部。ボツワナとナミビア、南アフリカにまたがるカラハリ砂漠の低木と草原、砂丘が広がる乾燥地帯に、巣穴を掘って暮らしている。南アフリカのクルマン川保護区などで会える。

BOTSWANA

LOVELY ANIMALS 動物たちに会いたい!!

警戒心が強い半面、気性が荒く、サソリの猛毒に免疫を持つため砂漠のギャングとも呼ばれる

仲良し親子が川のなかをおさんぽ

6 アメリカ クリスタル・リバーの
マナティー ➡P.33
Manatee, Crystal River

USA

マナティーは浅い海のほか、汽水域や川などの淡水にも生息している

LOVELY ANIMALS 動物たちに会いたい!!

　メキシコ湾岸に暮らすマナティーは、冬になると年間水温が22℃と温かい、フロリダ北西部のクリスタル・リバーへやってくる。ジュゴン同様に草食性のおとなしい哺乳類で、海水と淡水に暮らしている。平たいシャモジのような尾が特徴だ。マナティーと一緒に泳ぐシュノーケリング・ツアーがある。

最も小さい種類のフェアリーペンギン。オーストラリア南部、ニュージーランドと周辺に生息

行列で歩く世界最小のペンギンたち

7 [オーストラリア] フィリップ島の
フェアリーペンギン ➡P.33
Fairy Penguin, Phillip Island Nature Parks

パレード見学には双眼鏡があると便利。近くを通るときは、怖がらせないように静かに見守ろう

AUSTRALIA

　観光客に大人気のフィリップ島のペンギンパレード。日が暮れると、フェアリーペンギンたちが群れとなって一斉に海から陸へ上がり、巣に戻っていく長い列が見られる。体長約30cmの小さなペンギンたちが、ぎこちない足取りでぺたぺた家路に急ぐかわいらしい姿を堪能しよう。

LOVELY ANIMALS 動物たちに会いたい!!

サケを追って川を渡る勇猛な狩人

8 日本 知床の
ヒグマ
Brown Bear, Shiretoko

➡P.33

　深い原生林の残る知床半島は、周辺海域も含め豊かな自然に恵まれる。日本では北海道のみに暮らすヒグマとの遭遇率が最も高い地域でもある。オスの体長は約2m。むやみには人を襲わないが、鉢合わせしたり、子グマに近づけば牙を剥くことも。半島西岸を巡るクルーズ船でなら安全に見学できる。

ヒグマは日本の陸上に生息する哺乳類では最大。秋には遡上するサケを求めて川に姿を見せる

LOVELY ANIMALS 動物たちに会いたい!!

TOUR INFORMATION

1 タテゴトアザラシ Harp Seal
マドレーヌ島
Îles de la Madeleine
カナダ MAP P.115

旅の予算 40万円～
旅の日程 5泊7日～

アクセス & フライト時間
モントリオールへ 15時間～
日本からカナダの都市で乗り継ぎ、モントリオールへ。1泊し、ケベック、ガスペを経由しマドレーヌ島に到着。吹雪で欠航することもあるので、余裕のあるスケジュールで計画したい。

おすすめの旅行シーズン
出産・授乳期の3月上旬
タテゴトアザラシが見られるのは、観察解禁日の3月1日から2～3週間。中旬頃には流氷が減り水中に潜ってしまう。3月初旬は生後3～5日頃で、赤ちゃんが丸々と太って最もかわいい時期。

ツアー情報
ヘリコプターで流氷の上へ
アザラシウォッチングはマドレーヌ島に滞在してヘリコプターで流氷にアクセスするツアーに参加することが必要。流氷の上に数時間滞在してアザラシの赤ちゃんを観察。天候によっては催行されないこともあるので、十分に予備日を設けておきたい。

3 ジェンツーペンギン Gentoo Penguin
南極
Antarctica
MAP P.6

旅の予算 150万円～
旅の日程 10泊14日～

アクセス & フライト時間
南極で8～13日間のクルージング
日本からは中東のドバイまたはドーハで乗り換え、アルゼンチンのイセイザ国際空港を経て、ウシュアイア国際空港へ。クルーズ船に乗り、8～13日間をかけて南極半島を巡る。

おすすめの旅行シーズン
11～3月の乾季
比較的気温の上がる11月下旬から3月初旬が最適の旅行シーズン。南極半島での産卵期は11月頃なので、晩春～初夏に子どものジェンツーペンギンに会える確率が高くなる。

ツアー情報
南極上陸とクルージングが楽しめる旅
南米最南端、アルゼンチンのウシュアイアからドレーク海峡を経て南極半島へ。小さな島々をゾディアック・ボート（小型ボート）で巡り、上陸してペンギン、アザラシ、クジラなどの動物に出会える。一生に一度は経験してみたい旅。

2 フラミンゴ Flamingo
ボゴリア湖国立保護区
Lake Bogoria National Reserve
ケニア MAP P.115

旅の予算 30万円～
旅の日程 5泊8日～

アクセス & フライト時間
ナイロビへ 17時間～
日本から拠点のナイロビへの直行便はないので、ドーハまたは、ドバイで乗り継ぎ、ナイロビのジョモ・ケニアッタ国際空港へ。ボゴリア湖国立保護区までは車で約5時間。

おすすめの旅行シーズン
7～9月の乾季
年間を通じてフラミンゴの大群が見られる。湖の水位が低く、湖がピンク色になる7～9月の乾季がとくにおすすめ。雨季には渡り鳥が多く、周辺の緑が映えてまた違った風景が楽しめる。

ツアー情報
ケニアの大自然を巡るツアーがおすすめ
日本からのツアーは、ナクル湖国立公園、ナイバシャ湖、マサイ・マラ動物保護区などを組み合わせたプランが多い。ボゴリア湖以外の国立公園などにも立ち寄りながら効率よく、ケニアの大自然やほかの動物にも出会える。

4 パンダ Giant Panda
成都パンダ繁殖育成研究基地
Chengdu Research Base of Giant Panda Breeding
中国 MAP P.221

旅の予算 8万円～
旅の日程 3泊4日～

アクセス & フライト時間
成都へ 6時間～
成都空港から直行便が出ている。北京や上海などで国内線に乗り継ぐことも可能。空港から市内まではエアポートバスで約30分、市街地から研究基地まではバスかタクシーで30～40分。

おすすめの旅行シーズン
パンダが活発に動きまわるのは秋～冬
暑さに弱いパンダは、真夏や昼間は寝ていたり涼しい室内にいることが多い。複数のパンダが元気に活動している姿が見たいのであれば、暑い時季や時間帯は避けて訪れたい。

ツアー情報
日本発、現地発ともにツアーは豊富
日本からのツアーは大手旅行会社などで催行されており、同じく四川省にある世界遺産・九寨溝や黄龍と組み合わせたプランが多い。現地で成都パンダ繁殖育成研究基地を訪れるオプショナルツアーを申し込むこともできる。

5 ミーアキャット　Meerkat
カラハリ砂漠
Kalahari Desert
ボツワナ　MAP P.35

旅の予算 50万円〜　　**旅の日程** 6泊9日〜

アクセス & フライト時間
マウンへ 25時間〜
日本から拠点のマウンへの直行便はないので、ヨハネスブルグで乗り継ぎ、ボツワナのマウン空港へ。ボツワナのセントラル・カラハリ保護区までは車で約6時間。

おすすめの旅行シーズン
12〜4月の雨季
雨季になると乾燥した砂漠の大地の窪みに水場ができ、固い大地にしばらくは水をたたえている。塩分を含む水は動物たちの貴重な栄養源のため、多くの野生動物が集まってくる。

ツアー情報
広大な砂漠でキャンピング・サファリ
日本のツアー会社でアレンジしてもらうか、現地のツアーを申し込む。もとはサン(ブッシュマン)の保護区であり、宿泊施設はないのでキャンプをしながら移動する。砂漠に暮らす動物をより身近に感じられるワイルドな旅。

7 フェアリーペンギン　Fairy Penguin
フィリップ島
Phillip Island Nature Parks
オーストラリア　MAP P.189

旅の予算 10万円〜　　**旅の日程** 3泊5日〜

アクセス & フライト時間
メルボルンへ 11時間30分〜
日本から拠点のメルボルンへの直行便は数が少なく、オーストラリア国内やアジアのほかの空港を経由することも。メルボルンからフィリップ島へはツアーバスかレンタカーで約2時間。

おすすめの旅行シーズン
一年中OK。季節に合わせた防寒を
ペンギンパレードは年間を通じて見ることが可能だ。ただし、日没後の海辺で長い時間じっと動かずに見学するため、夏でも冷え込む。季節に合わせた防寒対策を忘れずに。

ツアー情報
オプショナルツアーの種類が充実
メルボルン発の現地ツアーが多く、オプショナルツアーで組み込むことができる。ペンギンパレード見学のみの短時間ツアーや、周辺の見どころと併せて楽しむ日帰りツアーなど種類も豊富なので、自分に合わせた内容を選びたい。

6 マナティー　Manatee
クリスタル・リバー
Crystal River
アメリカ　MAP P.115

旅の予算 20万円〜　　**旅の日程** 4泊6日〜

アクセス & フライト時間
オーランドへ 15時間〜
フロリダのオーランドまでは、日本からアメリカの都市を経由し約15時間。クリスタル・リバーまではオーランドから車で2時間ほどかかるので、レンタカーかツアーを組んで向かおう。

おすすめの旅行シーズン
11〜3月の冬季
マナティーが湾岸や浅瀬から川へと移動するのは、海水が20℃以下になった冬。天気が比較的安定している時期でもあり、旅行のベストシーズン。最低気温は10℃前後で最高は約20℃。

ツアー情報
マナティーと一緒に泳ぐ
クリスタル・リバーに滞在し、現地のマナティーツアーに参加するパッケージプランもある。野生のマナティーは好奇心旺盛で自分から寄ってくるので、シュノーケリングで一緒に泳ぐことができる。オプションでカヤックやダイビングも楽しめる。

8 ヒグマ　Brown Bear
知床
Shiretoko
日本　MAP P.22

旅の予算 4万円〜　　**旅の日程** 2泊3日〜

アクセス & フライト時間
ウトロへ 1時間30分〜
羽田から拠点となる女満別空港へ。空港からウトロまで車、斜里バス・知床エアポートライナーで2時間〜。

おすすめの旅行シーズン
6〜9月の夏季
クルーズ船でのヒグマウォッチングは遭遇率の高い6〜9月に盛んに行なわれる。6〜8月には知床半島各所で可憐な花々も見られ、知床五湖などを散策すれば知床の自然を満喫できる。

ツアー情報
船から野生のヒグマをウォッチング
知床のパッケージツアーにオプションでクルーズツアーを事前予約する。ウトロから6〜9月、毎日出港するクルーズ船で海側から約2時間、ヒグマを探索する。運が良ければ、イルカを船の近くで見ることも。そのほか、オジロワシ、ウミウやエゾシカにも出会える。

LOVELY ANIMALS 動物たちに会いたい!!

アフリカ
AFRICA

野生の王国で繰り広げられる
劇的なドラマを間近に目撃する

多種多様な野生動物の宝庫

　地平線に乾いたサバンナの大地が広がる東アフリカは、世界で最も多種類の陸上哺乳類に会えるサファリのメッカ。広大な国立公園や動物保護区が数多い。ケニアのマサイ・マラ国立保護区やタンザニアのセレンゲティ国立公園では、ライオンが横たわり、ヌーやシマウマが大移動するダイナミックな風景に魅了される。アンボセリ国立公園は、名峰キリマンジャロを背景にゾウの群れる絶景が見られると評判。ウガンダの森では、マウンテンゴリラやチンパンジーに会うトレッキングが人気だ。

　アフリカ南部は、変化に富んだ自然環境でサファリやハイキングを楽しめる。ボツワナのオカヴァンゴ湿地帯では伝統カヌーのモコロに乗って水辺を探検。カラハリ砂漠のミーアキャットやオリックスなど、南部特有の動物との出会いも魅力。固有動物の宝庫、マダガスカル島のベレンティ自然保護区では、ベローシファカの華麗な横っ跳びを楽しみたい。

■旅のアドバイス
夜は出歩かず、感染症の予防を

アフリカは全般的に熱帯の気候に属し、昼夜と春夏の寒暖の差が激しい。昼間は熱射病対策、夜は防寒具が必要だ。サファリにおすすめのシーズンは、水場に動物の集まる乾季。東アフリカは国によって多少の差はあるが7〜9月、南アフリカは4〜10月頃。東アフリカには、人の多く集まる場所などで、爆弾テロ事件や凶悪犯罪が多発する。過激派の活動が盛んなソマリアの隣国・ケニアはとくに注意が必要だ。アフリカ全土で、ひったくりや強盗、旅行会社や警察を装った詐欺事件が多い。夜間や単独での行動はできる限り避けたい。病気で気をつけたいのは黄熱病とマラリア。東アフリカは黄熱病の感染リスクが比較的高いので、事前に予防接種を受け（10日以上前に接種）、防虫スプレーを携行したい。東アフリカから出国後、経由地でイエローカード（予防接種済の証明書）の提示が必要な場合も。そのほかの感染症についても事前に医師に相談して、情報をつかんでおこう。

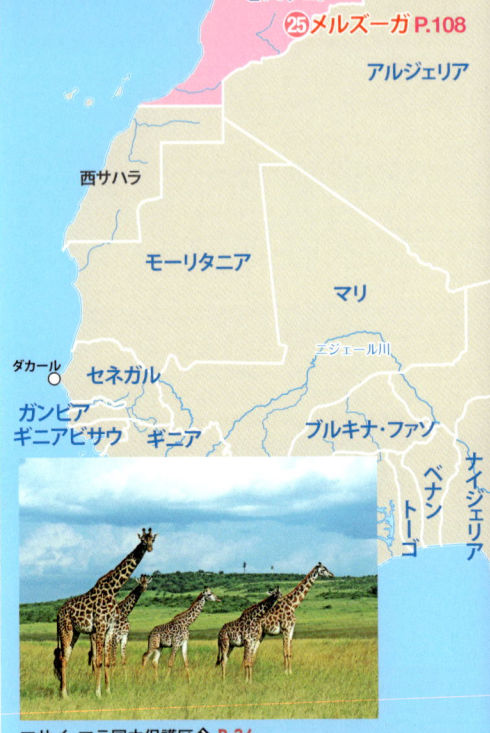

25 メルズーガ P.108

マサイ・マラ国立保護区 ➡ P.36

覚えておきたいサファリ用語

「サファリ」とは、スワヒリ語で「旅」という意味だが、一般には、「アフリカで動物観察してまわる旅」。旅立つ前に、サファリの基本を知っておこう。

●ゲームドライブ
国立公園や保護区でサファリカーに乗り、車を走らせて動物をゆっくり観察すること。

●ボートサファリ
湖や川でボートに乗ってサファリすること。珍しい野鳥や移動中の渡り鳥に出会う可能性も。

●バルーンサファリ
熱気球に乗ってサバンナ上空を空中散歩。動物たちの群れを高い位置から眺める光景は地上とはひと味違う満足感に浸れる。

●ロッジングサファリ
リゾートロッジに宿泊してリッチなサファリを楽しむ。欧米人にとって、いかに、心地よいロッジに泊まるかが重要視されている。

●キャンピングサファリ
テントサファリともいう。キャンプサイトのテントに泊まるワイルド感あふれるサファリ。大自然を味わいたい人におすすめ。

ベレンティ自然保護区 ➾ P.98

AFRICA アフリカ

- チュニス
- チュニジア
- 地中海
- キプロス
- イラク
- テヘラン
- レバノン
- ベイルート
- シリア
- ユーフラテス川
- バグダッド
- ティグリス川
- イラン
- イスラエル
- ダマスカス
- エルサレム
- アンマン
- ヨルダン
- カイロ
- クウェート
- クウェート
- バーレーン
- マナーマ
- ドーハ
- アブダビ
- カタール
- マスカット
- エジプト
- リヤド
- アラブ首長国連邦
- 紅海
- サウジアラビア
- オマーン
- ニジェール
- チャド
- スーダン
- ナイル川
- エリトリア
- イエメン
- チャド湖
- ハルツーム
- アスマラ
- サヌア
- ンジャメナ
- ジブチ
- ジブチ
- P.74 マーチソン・フォールズ国立公園
- 南スーダン
- アディス・アベバ
- エチオピア
- インド洋
- 中央アフリカ
- マサイ・マラ国立保護区 P.36
- カメルーン
- P.84 カリンズ森林保護区 ⑱
- ジュバ
- ⑯
- ボゴリア湖国立保護区 P.12
- ソマリア
- 赤道ギニア
- クイーン・エリザベス国立公園 ⑰
- ウガンダ
- ② ケニア
- モガディシュ
- コンゴ共和国
- P.78
- カンパラ
- ガボン
- コンゴ民主共和国
- ヴィクトリア湖
- ⑨ ナイロビ
- ブラザビル
- コンゴ川
- P.68 ブウィンディ
- ルワンダ
- ⑩
- ツァボ・ウエスト国立公園 P.50
- キンシャサ
- 原生国立公園 ⑮
- ブルンジ
- ⑬ ⑪ ⑫
- タンザニア
- アンボセリ国立公園 P.46
- ダル・エス・サラーム
- ルアンダ
- ンゴロンゴロ自然保護区 P.56
- セレンゲティ国立公園 P.42
- アンゴラ
- マラウイ湖
- コモロ
- ザンビア
- リロングウェ
- マラウイ
- P.88 チョベ国立公園
- ルサカ
- P.94 オカヴァンゴ湿地帯
- ハラレ
- ザンベジ川
- マダガスカル
- ⑭
- ⑳ ⑲
- ジンバブエ
- アンタナナリボ
- モーリシャス
- エトーシャ国立公園 P.62
- ⑤ カラハリ砂漠 P.24
- ボツワナ
- モザンビーク
- ウィントフック
- ナミビア
- ハボローネ
- プレトリア
- ㉑ ベレンティ自然保護区 P.98
- ヨハネスブルグ
- ムババーネ
- マプト
- スワジランド
- オレンジ川
- マセル
- レソト
- 南アフリカ
- ケープ・タウン

9 Maasai Mara National Reserve　Kenya
マサイ・マラ国立保護区 ケニア

サバンナで繰り広げられる
決死のマイグレーション＜大移動＞

AFRICA
アフリカ

命がけの大移動の果てに草地にたどり着いたヌーの群れ。彼らがやってくると、地平線いっぱいに広がる大草原はまさに野生の王国となる

感動体験

マサイ・マラに緊張感が漂う 命をかけたヌーの川渡り

今か今かとスタートを待つヌーたちには張りつめた空気が漂い、車の騒音、観光客の大きな声に怖がって川渡りを躊躇してしまうこともよくあります。崖のような急斜面を駆け下りてけがをしてまうものもあれば、後方から続く仲間たちに押しつぶされてしまうものも。生死の狭間で生きる動物たちの自然な姿を感じられる一場面です。

道祖神●羽鳥 健一さん

	1	
2	3	5
	4	

❶ サバンナでも大人気のキリンだが、近年、個体数が減ってきている
❷ 夕暮れが近づき、気温が下がってくると、肉食動物たちが活発に動きはじめる。サファリ・カーの天井を開けて、迫力ある狩りの現場を探す
❸ 群れで生活するインパラ。オスには立派な角があり、凛々しいたたずまい。子どもはまるでバンビのように愛くるしい
❹ 鮮やかな顔の装飾でサバンナを優雅に歩くヘビクイワシ。ヘビなどの爬虫類だけでなく、小型の哺乳類も捕食することがある
❺ サバンナきっての俊足の持ち主チーター。獲物を狙う際には時速100kmを超えるともいわれている。赤ちゃんは好奇心旺盛で、ときどき草むらから顔を出しては愛嬌をふりまく

Maasai Mara National Reserve Kenya

AFRICA
アフリカ

大草原の道なき道を自由自在にゲームドライブ

Maasai Mara National Reserve
マサイ・マラ国立保護区 ▶ ケニア

KENYA

ココで会える動物たち
ライオン●チーター●ヒョウ●バッファロー
アフリカゾウ●マサイキリン●サイ●インパラ
シマウマ●トムソンガゼル●カバ●ヌーなど

ケニアの南西部に位置し、総面積約1500km²を誇るサファリのメッカ。地名の由来はこの地に住むマサイと、タンザニア国境を流れヴィクトリア湖へと注ぐマラ川から。野生動物の数はケニア随一で、ライオン、ヒョウ、サイ、バッファロー、ゾウといったビッグファイブと呼ばれる大物たちの姿を目にすることもできる。タンザニアのセレンゲティ国立公園（→P.42）と隣接しており、毎年、7月中旬から9月上旬にかけて、ヌーの大群が食料を求めてマサイ・マラに押し寄せるグレート・マイグレーション（大移動）の様子はまさに圧巻。とくにワニの待つ激流のマラ川を越えようと、決死の覚悟で飛び込んでいくヌーたちの命の駆け引きは、大自然の驚異をまざまざと見せつけてくれる。

TOUR INFORMATION

旅の予算 32万円
旅の日程 6泊8日

アクセス & フライト時間 17時間〜
日本から約11時間、中東のドーハやドバイで乗り継いで、ナイロビまで約6時間。

日本からの直行便はないので、ドーハまたはドバイで乗り継ぎ、ナイロビのジョモ・ケニヤッタ国際空港へ。国内線が発着するナイロビのウィルソン空港からマサイ・マラ国立保護区までは小型飛行機で1時間程度。

モデルプラン
保護区内の小さなロッジに連泊

野生動物の生息数がケニア最大のマサイ・マラにたっぷり4連泊し、アットホームな雰囲気のロッジを拠点に多様なスタイルのサファリを満喫。夜はライオンの咆哮と、赤道の星空が大自然に包み込む。

1-2日目 夜、日本を出発。2日目の早朝、ドーハまたはドバイで乗り継ぎ、ナイロビへ到着するのは2日目の昼頃になる。現地係員の案内で市内のホテルへ移動。

3日目 朝食後、ツアー送迎車でマサイ・マラ国立保護区に移動。宿泊先のロッジにてランチ。快適なテント式ロッジの個室には温水シャワーやトイレ、洗面も完備。休憩後、ジープで午後のゲームドライブに出発。

4-6日目 終日、マサイ・マラ国立保護区内のロッジに滞在し、サファリを楽しむ。ゲームドライブは基本的に早朝と夕方。それに加え、ランチボックス持参のフルデイサファリやウォーキングサファリなど、さまざまなスタイルで動物観察を楽しめるのが滞在型サファリの魅力。オプションでナイトサファリやバルーンサファリもアレンジ可能。

7-8日目 朝食後、大地溝帯（グレート・リフト・バレー）の展望台で景色を楽しみ、ナイロビへ。午後、飛行機でナイロビの国際空港を出発。ドーハまたはドバイで日本帰国便に乗り継ぐ。

おすすめの旅行シーズン
7〜9月の乾季

ヌーの大移動に合わせて、肉食動物もマサイ・マラにやってくるため、この時期は絶好のサファリシーズン。数少ない水場に動物が集まり、大物を見つけやすいのも雨が少ない乾季の利点。

1	2	3	4	5	6	7	8	9	10	11	12
乾季		雨季				乾季			雨季		

COLUMN
朝日を浴びてバルーンサファリ

空の上から眺める広大なサバンナでは、朝日を浴びて輝きだす生き物たちのドラマが垣間見える。気球の後ろからは朝ごはんと冷えたシャンパンを載せたジープが追いかけてくる。

バルーンサファリは風まかせ、ときには国境を越え、タンザニアまで流されてしまうことも

【ツアー催行会社】道祖神 ➡ P.250
上記は催行されているツアーの一例です。内容は変更される場合があります。

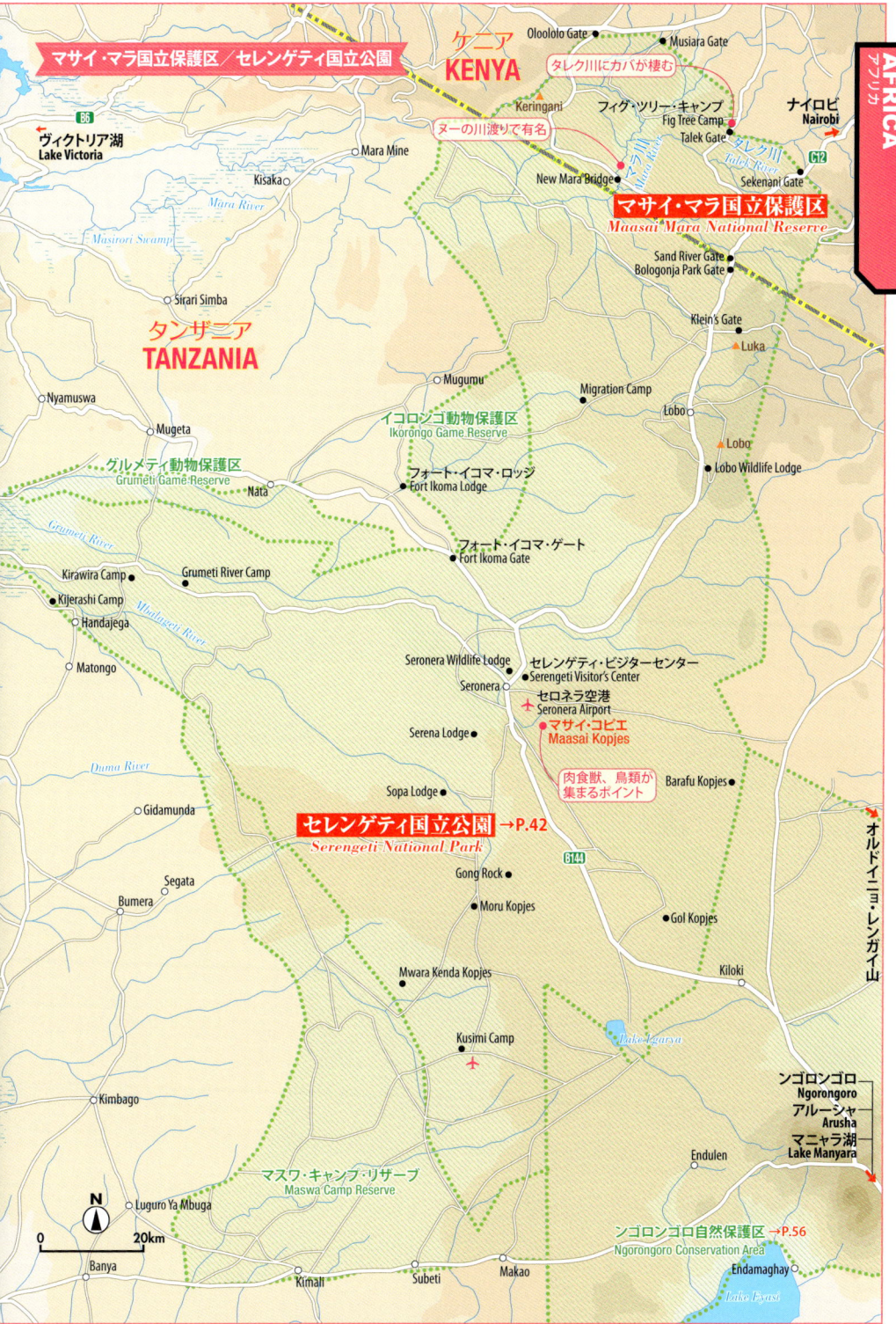

マサイ・マラ国立保護区／セレンゲティ国立公園

AFRICA アフリカ

ケニア KENYA
- Olololo Gate
- Musiara Gate
- Keringani
- フィグ・ツリー・キャンプ Fig Tree Camp
- Talek Gate
- ナイロビ Nairobi
- タレク川にカバが棲む
- ヌーの川渡りで有名
- New Mara Bridge
- Sekenani Gate
- **マサイ・マラ国立保護区** Maasai Mara National Reserve
- Sand River Gate
- Bologonja Park Gate
- Klein's Gate
- Luka

タンザニア TANZANIA
- ヴィクトリア湖 Lake Victoria
- Mara Mine
- Kisaka
- Masirori Swamp
- Sirari Simba
- Nyamuswa
- Mugeta
- Mugumu
- イコロンゴ動物保護区 Ikorongo Game Reserve
- Migration Camp
- Lobo
- Lobo Wildlife Lodge
- グルメティ動物保護区 Grumeti Game Reserve
- フォート・イコマ・ロッジ Fort Ikoma Lodge
- Nata
- Kirawira Camp
- Kijerashi Camp
- Grumeti River Camp
- Handajega
- フォート・イコマ・ゲート Fort Ikoma Gate
- Matongo
- Seronera Wildlife Lodge
- セレンゲティ・ビジターセンター Serengeti Visitor's Center
- Seronera
- セロネラ空港 Seronera Airport
- Serena Lodge
- マサイ・コピエ Maasai Kopjes
- 肉食獣、鳥類が集まるポイント
- Barafu Kopjes
- Sopa Lodge
- **セレンゲティ国立公園** →P.42 Serengeti National Park
- Gidamunda
- Gong Rock
- Moru Kopjes
- Gol Kopjes
- Segata
- Bumera
- Mwara Kenda Kopjes
- Kiloki
- オルドイニョ・レンガイ山
- Kusimi Camp
- Lake Igarya
- ンゴロンゴロ Ngorongoro
- アルーシャ Arusha
- マニャラ湖 Lake Manyara
- Kimbago
- Endulen
- マスワ・キャンプ・リザーブ Maswa Camp Reserve
- Luguro Ya Mbuga
- ンゴロンゴロ自然保護区 →P.56 Ngorongoro Conservation Area
- Banya
- Kimali
- Subeti
- Makao
- Endamaghay
- Lake Eyasi

0 20km

10 Serengeti National Park Tanzania
セレンゲティ国立公園　タンザニア　MAP P.41

褐色の砂埃を巻き上げる
サバンナの熱い風と小さな命の物語

AFRICA
アフリカ

季節の移り変わりとともに草食動物たちは大平原を移動していく。シマウマたちも、より多くのエサを求めて移動を開始

1	
2	3
4	

1 のんびり屋に見えるカバだが、じつはかなり凶暴。陸上で出会ったら要注意

2 警戒心の強いシマウマを近くでゆっくり観察するのは至難の業

3 ライオンなど他の肉食動物の食べ残しを狙うと思われがちなハイエナだが、じつは狩りも得意

4 砂埃を巻き上げて走るヌーの群れ。とくに子どもは肉食動物から狙われやすい

感動体験

野生の生命力を感じるセレンゲティの名物、大移動

地平線をぐるりと囲む黒い点は、よく見るとヌーの大群。小さな点のようなヌーが連なり線をつくり、360度地平線を埋め尽くしていました。ただただ生命本能に基づいて激走するヌー。そのあまりの迫力を前にしたら、自分の日常に起こっていた出来事は、1000分の1ほどにスケールダウンしてしまったような感じさえしました。

フォトエッセイスト●白川 由紀さん

悠久の大地を彩る野生動物たち

Serengeti National Park
セレンゲティ国立公園 ▶ タンザニア

ココで会える動物たち
ライオン●チーター●ヒョウ●バッファロー
アフリカゾウ●マサイキリン●サイ●インパラ
シマウマ●トムソンガゼル●カバ●ヌー など

AFRICA アフリカ / TANZANIA

　マサイ語で「果てしない平原」という意味のセレンゲティは、その名のとおり約1万5000k㎡にも及ぶ広大な国立公園。1981年にはユネスコの世界自然遺産にも登録されている。何百万頭にも及ぶヌーやシマウマ、そのほか草食動物の群れが食料となる草を求めて、ケニアのマサイ・マラ国立保護区(➡P.36)からセレンゲティ、そしてンゴロンゴロ自然保護区(➡P.56)の間を大移動する。肉食動物たちも草食動物のあとを追うように移動していくため、比較的見つけやすい。ガゼルやシマウマの群れを追いかけていけば、待ちかまえていたチーターが突然飛び出し、ダイナミックなハンティングの様子を目にすることも。まさにゲームドライブのクライマックス。そこにあるのは自然の力強さ、命の輝き、そして悠久の大自然そのものの姿だ。

おすすめの旅行シーズン
1～3月

タンザニアに戻ってきた草食動物たちは、1月になるとセレンゲティの南部に集まり、やがて出産シーズンに入る。小さな命の誕生と躍動的な狩りの現場を見られる可能性が高い。

1	2	3	4	5	6	7	8	9	10	11	12
乾季			雨季			乾季			雨季		

COLUMN　Kopje
動物たちの隠れ家、岩丘群コピエ

セレンゲティの南部と東部にはコピエと呼ばれる花崗岩の岩丘群が点在。ハイラックス(イワダヌキ)やレイヨウの一種・クリップスプリンガーたちの絶好の隠れ家となっている。日当たりのいい岩の上でヒョウやライオンたちがひなたぼっこをしていることも。

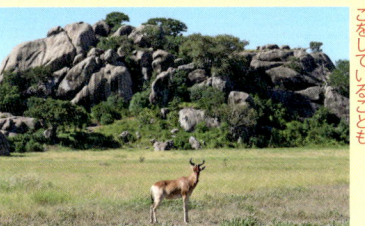

TOUR INFORMATION

旅の予算 59万円
旅の日程 6泊9日

アクセス & フライト時間 19時間～
日本から約12時間、中東のドーハで乗り継いで、アルーシャまで約7時間。

日本からの直行便はないので、ドーハまたはドバイで乗り継ぎ、タンザニアのジュリウス・ニエレレ国際空港へ。国内線に乗り継ぎ、アルーシャ空港へ(乗り継ぎ時間を入れると44時間程度)。アルーシャから車でセロネラまで7～8時間と1日がかりなのでンゴロンゴロかマニャラ湖などで1泊するとよい。

モデルプラン
世界遺産に連泊でサファリ三昧

世界屈指の動物王国であるセレンゲティ国立公園内のロッジに4連泊する滞在型サファリプラン。圧倒的な広さを誇る大平原を、経験豊富なドライバーとともに巡る。

1-2日目　夜、日本を出発。2日目の早朝、ドーハまたはドバイで乗り継ぎ、昼、ナイロビ到着。現地係員とともに、車で国境の街・ナマンガを経由し、タンザニアのアルーシャへ。

3日目　朝食後、軽飛行機にてセレンゲティ国立公園へ移動。所要約1時間。宿泊先のロッジに到着後、ランチ。昼食後、専用のジープに乗り込み、いざサファリに出発。

4-6日目　終日、国立公園内に滞在し、サファリ三昧。1日2回、朝夕のゲームドライブが基本だが、ランチボックスを持って出かけるフルデイサファリなど、現地の状況に応じて柔軟に変更も。

7日目　朝食後、軽飛行機でアルーシャへ向かう。途中、噴火が続くオルドイニョ・レンガイ山、ンゴロンゴロ、マニャラ湖が見える。運が良ければ、アフリカ最高峰のキリマンジャロ山が望める。到着後、買物。夕方ホテル着。

8-9日目　朝食後、専用車にてナイロビへ戻る。途中、ナマンガにて出入国手続き。午後、ナイロビの国際空港を出発。ドーハまたはドバイで日本帰国便に乗り継ぐ。

【ツアー催行会社】道祖神 ➡ P.250
上記は催行されているツアーの一例です。内容は変更される場合があります。

▶ 11 **Amboseli National Park**　Kenya
アンボセリ国立公園　ケニア

キリマンジャロの麓に広がる乾いた草原を
草食動物たちが闊歩する

AFRICA アフリカ

キリマンジャロを背景にアフリカゾウの群れがあちらこちらで見られる。メスは群れをつくり、オスは繁殖期のみメスの集団に加わる

1	
2	3

1 メスの群れに加わるオスたち。いつもゾウの周りにはアマサギという白い鳥が。ゾウにまとわりつく寄生虫を食べ、共生関係にある
2 ホオジロカンムリヅルはケニア、タンザニアでよく見かける美しい鳥
3 湿原ではカバたちが気持ちよく水浴びをする姿を見ることも

感動体験

乾季のアンボセリに現れた オスゾウ集団のメンズ・ワールド

通常、オスは単独行動しますが、たいへん乾燥した年の9月頃、珍しくオスの群れに遭遇。年老いたオスゾウが若いオスゾウたちを引き連れ、数少ない湿地を求め歩く、これまでに見たことのない巨大な群れ。経験値のある年寄りゾウがリードして若いゾウがそれに続く。オス同士には絆はないですが、生きるための手段として慣れない集団行動をします。

道祖神●羽鳥 健一さん

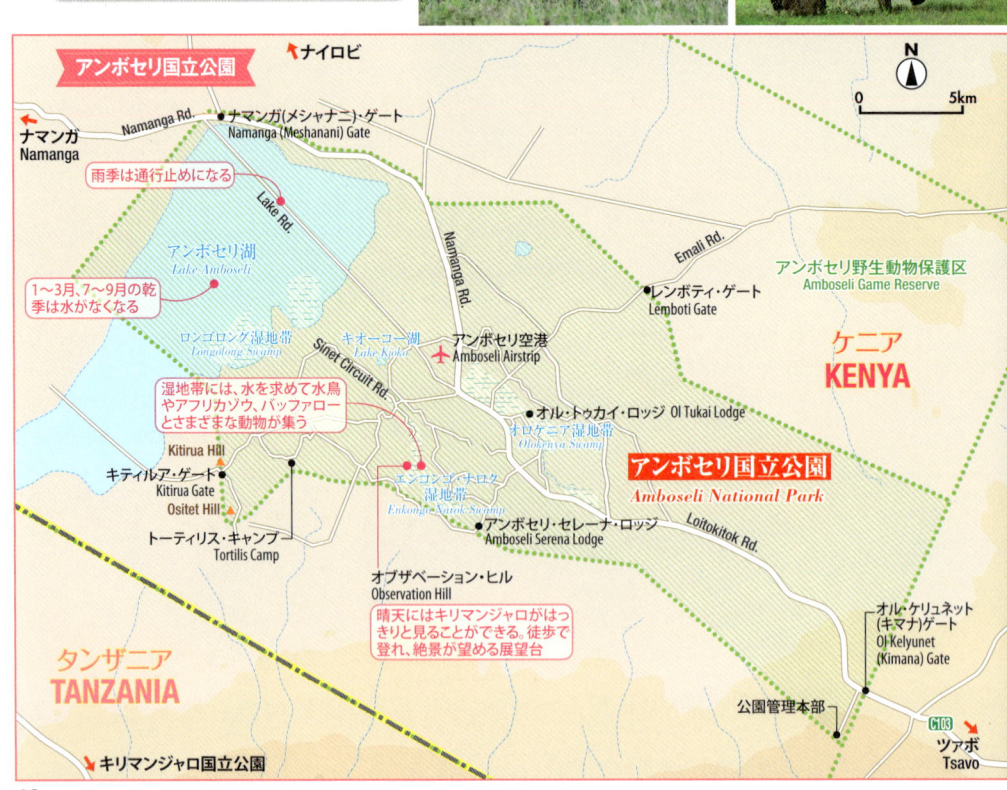

アンボセリ国立公園

- ナイロビ
- ナマンガ Namanga
- ナマンガ (メシャナニ)・ゲート Namanga (Meshanani) Gate
- 雨季は通行止めになる
- アンボセリ湖 Lake Amboseli
- 1〜3月、7〜9月の乾季は水がなくなる
- ロンゴロング湿地帯 Longolong Swamp
- キオーコー湖 Lake Kioko
- アンボセリ空港 Amboseli Airstrip
- 湿地帯には、水を求めて水鳥やアフリカゾウ、バッファローとさまざまな動物が集う
- レンボティ・ゲート Lemboti Gate
- アンボセリ野生動物保護区 Amboseli Game Reserve
- エマリ Rd. Emali Rd.
- ケニア KENYA
- オル・トゥカイ・ロッジ Ol Tukai Lodge
- オロケニア湿地帯 Olokenya Swamp
- アンボセリ国立公園 Amboseli National Park
- キティルア・ヒル Kitirua Hill
- キティルア・ゲート Kitirua Gate
- オシテット・ヒル Ositet Hill
- エンコンゴ・ナロク湿地帯 Enkongo Narok Swamp
- トーティリス・キャンプ Tortilis Camp
- アンボセリ・セレーナ・ロッジ Amboseli Serena Lodge
- ロイトキトク Rd. Loitokitok Rd.
- オブザベーション・ヒル Observation Hill
- 晴天にはキリマンジャロがはっきり見ることができる。徒歩で登れ、絶景が望める展望台
- オル・ケリュネット (キマナ)・ゲート Ol Kelyunet (Kimana) Gate
- タンザニア TANZANIA
- 公園管理本部
- ツァボ Tsavo
- キリマンジャロ国立公園

水場に多くの動物たちが集まる

Amboseli National Park
アンボセリ国立公園 ▶ ケニア

AFRICA アフリカ

KENYA

ココで会える動物たち
アフリカゾウ●カバ●バッファロー●ハイエナ●ヌー
ジャッカル●シマウマ●ディクディク●マサイキリン
ヒヒ●サバンナモンキー●アマサギ など

　ケニアとの国境近く、タンザニアにあるアフリカ大陸最高峰のキリマンジャロ（5895m）をバックに、アフリカゾウなどが群れるダイナミックな絶景に出会える国立公園。乾季の空気が澄み渡った日はとくに、ケニア側から見るキリマンジャロの風景が素晴らしい。文豪ヘミングウェイがハンティングのためにこの地を訪れ、『キリマンジャロの雪』を執筆したことでも知られる。噴火でできたアンボセリ湖は、長い間に大部分が干上がって今のような平地になった。現在、湖は雨季にのみ姿を見せる。近年、乾燥が進んでいるが、中央の湿地帯はキリマンジャロの雪解け水によってつねに潤っており、乾季には中央の水場に集まってくるキリンやシマウマ、ヌーなど、さまざまな動物を観察することができる。

TOUR INFORMATION

旅の予算 35万円　　**旅の日程** 6泊9日

アクセス & フライト時間

17時間～ 日本から約11時間、中東のドーハやドバイで乗り継いで、ナイロビまで約6時間。

日本からの直行便はないので、ドーハまたはドバイで乗り継ぎ、ナイロビのジョモ・ケニヤッタ国際空港へ。乗り継ぎ時間を含めるとナイロビまで約18時間。アンボセリ国立公園までは車で4時間程度。ナイロビから公園内にある飛行場まで小型機による定期便も運航している。

モデルプラン
テントを移動しながらキャンプ三昧

アンボセリ国立公園とマサイ・マラ国立保護区、ケニアの2大公園でキャンプする。サファリ・カーでサバンナを駆け巡るゲームドライブでは大自然と野生動物の美しさを堪能。

1日目	日本を出発、ドーハやドバイで乗り継ぎ、ナイロビへ到着するのは2日目の昼頃になる。
2〜3日目	ツアーの送迎車に乗り、約4時間でアンボセリ国立公園へ。着後、テントを設営。3日目の早朝と午後、車でサファリツアーに出かける。キリマンジャロを背景に大迫力のアフリカゾウの群れや湿地帯に集まる動物たちを観察しよう。
4〜6日目	朝食後、ナイロビ経由でマサイ・マラ自然保護区へ。大草原の森にあるキャンプサイトにテントを設営。朝夕の太陽をゆったりと眺め、爽やかな草木の香りに深呼吸してみたり、大自然を思いきり感じてみよう。
7日目	早朝のサファリのあとはナイバシャ湖へ移動。ボートサファリでカバや水辺の鳥たちを観察できる。クレッセント島ではウォーキングサファリができ、ヌーやシマウマなどの草食動物に出会える。ナイバシャの宿泊は湖畔のロッジ。
8〜9日目	朝食後、大地溝帯（グレート・リフト・バレー）の展望台での眺めを楽しみ、ナイロビのジョモ・ケニヤッタ国際空港へ。午後の便でドーハかドバイへ向かい、日本への帰国便に乗り継ぐ。

［ツアー催行会社］道祖神 ➡ P.250
上記は催行されているツアーの一例です。内容は変更される場合があります。

おすすめの旅行シーズン
1〜3月、7〜9月の乾季

日照時間が長く、晴れの日が多い。草木の葉が少ない季節は遠くまで見渡せ、動物が見つけやすいという利点も。ただし風の強い日は砂埃が立ちやすいのでマスクを用意するとよい。

1	2	3	4	5	6	7	8	9	10	11	12
乾季	乾季	乾季	雨季	雨季	雨季	乾季	乾季	乾季	雨季	雨季	雨季

COLUMN　　Kilimanjaro
アフリカ最高峰・キリマンジャロ

赤道直下にありながら、山頂には一年中氷雪や氷河があることで知られるアフリカの最高峰で、独立峰としては世界一。タンザニアとケニアの国境にある。

アンボセリ国立公園とキリマンジャロ登山を組み合わせたツアーも催行されている

12 Tsavo West National Park　Kenya
ツァボ・ウエスト国立公園　ケニア

火山地帯の名残をとどめる広大なサバンナで
アフリカゾウの群れを見る

AFRICA
アフリカ

ピンクエレファントと呼ばれるアフリカゾウ。2万頭いたといわれるアフリカゾウも密猟で減少したが、その数は徐々に回復している

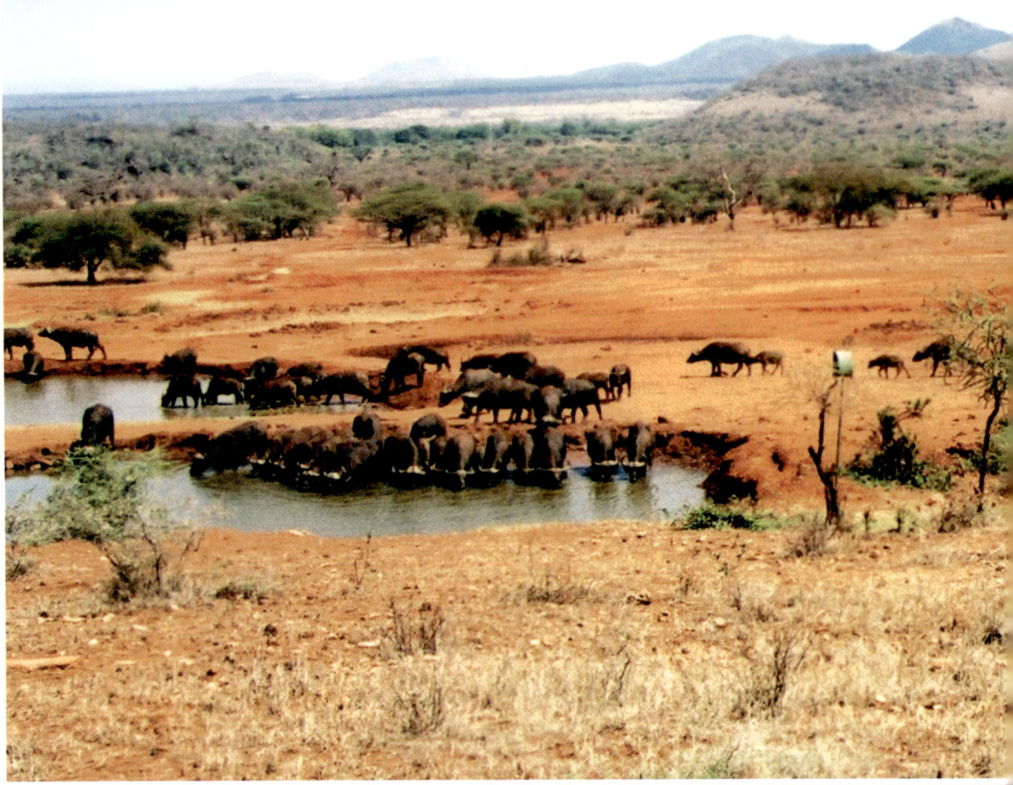

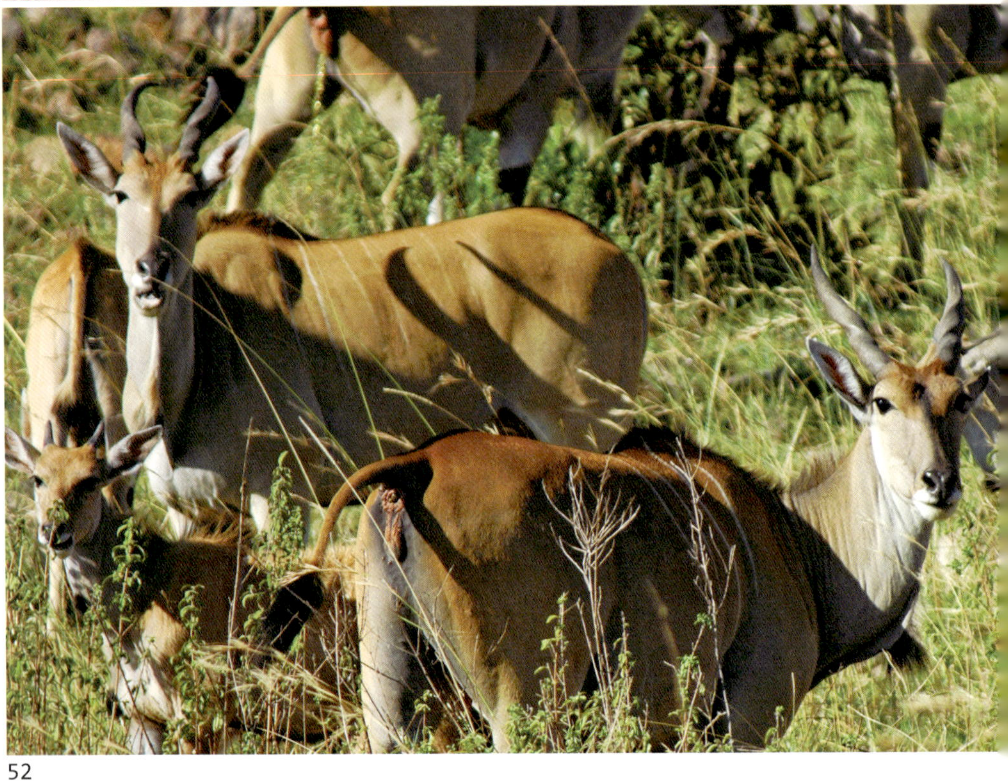

Tsavo West National Park Kenya

AFRICA
アフリカ

感動体験

思わぬ訪問者にビックリ
ロッジから見る贅沢な景色

ロッジに戻り、部屋でのんびりしていたとき、なにやら外から物音が聞こえてきたのでテラスに出てみると、なんと、ロッジの貯水池でピンクエレファントの親子が気持ちよさそうに水浴びをしていました。ちょうど日が傾き始めた時刻でしたので、さらに赤々と染め上げられた姿は美しく、仲良さそうに水を掛け合う親子に癒されました。

道祖神●羽鳥 健一さん

1		
2	3	4

1 タンザニアとケニアの間で移動を繰り返すヌーの群れ
2 臆病なことで知られるエランド。運が良ければ近い距離で撮影ができる
3 ピンクエレファントの親子。現在は約8000頭が生息しているという
4 羽を休める水鳥と、気持ちよさそうに泳ぐカバ。ムジマ・スプリングスの澄んだ水は動物たちにとってサバンナ地帯の貴重なオアシス

変化に富んだアフリカの大地を感じる
Tsavo West National Park
ツァボ・ウエスト国立公園 ▶ ケニア

ココで会える動物たち
アフリカゾウ●ライオン●キリン●シマウマ●チーター●ハイエナ●イボイノシシ●バッファロー●ヌー●カバ●渡り鳥など

首都ナイロビの東南部に位置するケニア最大のツァボ国立公園。総面積約5万4000km²の広大さと多彩な野生動物が生息していることで知られる。敷地はナイロビとモンバサを結ぶ鉄道と幹線道路で東西に分かれており、サファリツアーが行なわれるのは、おもに西側のツァボ・ウエスト国立公園の区域。丘陵地帯や火山台地、透明度の高い湧き水など変化に富んだ地形が、多くの種類の動物の生活の場となっている。なかでもツァボの赤い火山灰土で砂浴びをし、赤く染まることから、ピンクエレファントの名で親しまれるゾウがこの地域のアイドル。また、地下水が湧き出るムジマ・スプリングスという泉には、水中を覗くことができる小屋が設置されており、運が良ければカバやワニを観察することができる。

おすすめの旅行シーズン
1~3、7~9月の乾季

ケニアの南部は高原地帯に属しており、観光は一年を通して楽しめるが木の茂みが少ない7~9月の乾季がベストシーズン。タンザニアからケニアに移動するヌーの群れも見られる。

1	2	3	4	5	6	7	8	9	10	11	12
乾季	乾季	乾季	雨季	雨季	雨季	乾季	乾季	乾季	雨季	雨季	雨季

COLUMN
Shetani Lava Flow
シェタニ溶岩流の異様な光景

ツァボ・ウエスト国立公園の西部に広がる溶岩流の跡。シェタニとは「悪魔」を意味し、黒く固まった溶岩流が大地を覆う姿は、その名のとおり恐ろしい光景だ。

シェタニ溶岩流が見られる高台へは徒歩で登れる。歩きやすい靴と帽子、飲料水は必需品だ。

TOUR INFORMATION

旅の予算 34万円
旅の日程 5泊8日

アクセス & フライト時間
17時間〜
日本から約11時間、中東のドーハやドバイで乗り継いで、ナイロビまで約6時間。

日本からの直行便はないので、ドーハまたはドバイで乗り継ぎ、ナイロビのジョモ・ケニヤッタ国際空港へ。ツァボ・ウエスト国立公園までは車で4時間程度。

モデルプラン
ケニアを代表する国立公園を巡る

ツァボ・ウエスト、アンボセリ、アバーディアの3カ所を周遊するプラン。丘陵地帯、キリマンジャロの麓、深い森林地帯と、特徴の異なるサファリドライブが楽しめる。

1-5日目
夜に日本を発ち、早朝ドーハで乗り換える。昼、ナイロビ着。食事を済ませ、ナイロビ周辺のホテルに1泊。翌朝、車でモンバサ・ハイウェイを南下し、ピンクエレファントが暮らすツァボ・ウエスト国立公園へ。ムティット・アンデイの街にあるアンディ・ゲートから入園。サファリドライブで素晴らしい自然の景観、野生動物観察を楽しみ、夜はロッジで1泊。

6-7日目
朝食後、広大な景観を背景に再びサファリを楽しむ。名所ムジマ・スプリングスや、岩山の散在するングリアまで足を延ばし、地形の変化が特徴的なツァボならではのサファリを満喫。夕方にはロッジに戻る。

8日目
早朝から移動開始。車で西へ約3時間の、アンボセリ国立公園へ。雄大なキリマンジャロの景色を満喫しながら、ツァボとはひと味違うサファリドライブを楽しむ。昼過ぎには切り上げ、アバーディア国立公園へ移動。園内の樹上ホテルから動物観察を楽しみ1泊。

9-10日目
午前中にはホテルを出てナイロビへ向かう。ナイロビで昼食をとったのち、空港へ。深夜、ドーハで乗り継ぎ、日本へは翌日の夕方に到着する。

【ツアー催行会社】道祖神 ➡ P.250
上記は催行されているツアーの一例です。内容は変更される場合があります。

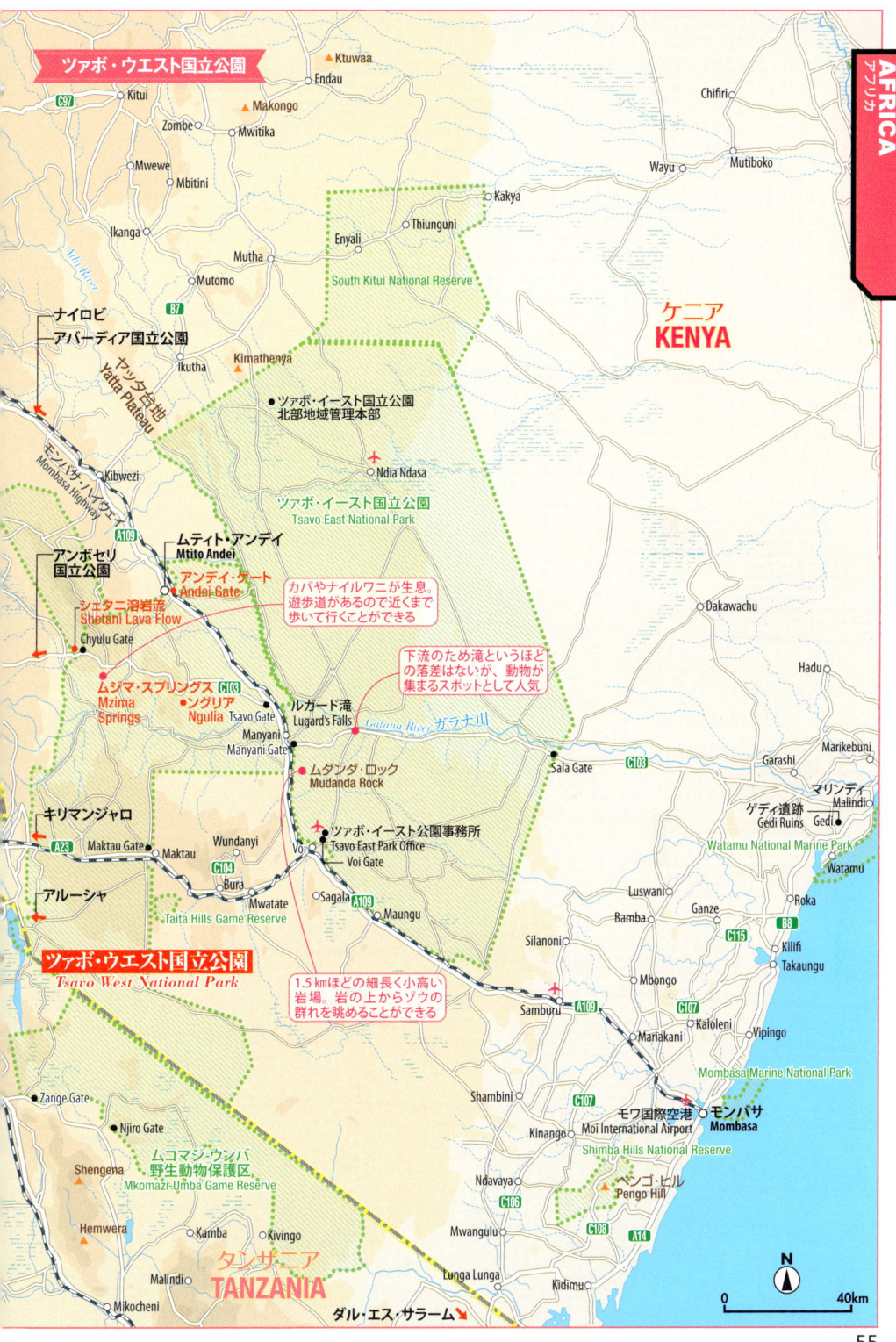

ツァボ・ウエスト国立公園

AFRICA アフリカ

ケニア
KENYA

- Ktuwaa
- Endau
- Kitui
- Makongo
- Chifiri
- Zombe
- Mwitika
- Mutiboko
- Mwewe
- Mbitini
- Wayu
- Ikanga
- Mutha
- Kakya
- Mutomo
- Enyali
- Thiunguni
- South Kitui National Reserve
- Kimathenya

ナイロビ
アバーディア国立公園

ヤッタ台地 Yatta Plateau
- Ikutha
- ツァボ・イースト国立公園 北部地域管理本部
- Ndia Ndasa
- Kibwezi
- ツァボ・イースト国立公園 Tsavo East National Park

モンバサ・ハイウェイ Mombasa Highway

アンボセリ国立公園
- ムティト・アンデイ Mtito Andei
- アンデイ・ゲート Andei Gate

シェタニ溶岩流 Shetani Lava Flow
- Chyulu Gate
- カバやナイルワニが生息。遊歩道があるので近くまで歩いて行くことができる

- ムジマ・スプリングス Mzima Springs
- ングリア Ngulia
- Tsavo Gate
- ルガード滝 Lugard's Falls
- 下流のため滝というほどの落差はないが、動物が集まるスポットとして人気
- Galana River ガラナ川
- Dakawachu
- Hadu
- Manyani
- Manyani Gate
- ムダンダ・ロック Mudanda Rock
- Sala Gate
- Garashi
- マリンディ Malindi
- ゲディ遺跡 Gedi Ruins / Gedi
- Marikebuni

キリマンジャロ
- Maktau Gate
- Maktau
- Wundanyi
- ツァボ・イースト公園事務所 Tsavo East Park Office
- Voi Gate
- Voi
- Watamu National Marine Park
- Watamu

アルーシャ
- Bura
- Mwatate
- Sagala
- Maungu
- Luswani
- Roka
- Taita Hills Game Reserve
- Silanoni
- Bamba
- Ganze
- Kilifi
- Mbongo
- Takaungu

ツァボ・ウエスト国立公園
Tsavo West National Park

- 1.5kmほどの細長く小高い岩場。岩の上からゾウの群れを眺めることができる
- Samburu
- Mariakani
- Kaloleni
- Vipingo
- Zange Gate
- Mombasa Marine National Park
- Njiro Gate
- Shambeni
- Kinango
- モイ国際空港 Moi International Airport
- モンバサ Mombasa
- Shimba Hills National Reserve
- Shengena
- ムコマジ・ウンバ野生動物保護区 Mkomazi-Umba Game Reserve
- Hemwera
- Kamba
- Kivingo
- Ndavaya
- ペンゴ・ヒル Pengo Hill
- Malindi
- Mwanguli
- Mikocheni

タンザニア
TANZANIA

- Lunga Lunga
- Kidimu

ダル・エス・サラーム

N ↑ 0 — 40km

▶ 13 **Ngorongoro Conservation Area** Tanzania
ンゴロンゴロ自然保護区　タンザニア

「アフリカのエデン」とも称される
タンザニア屈指の自然保護地域

AFRICA
アフリカ

絶滅の危機からクロサイを救うため、この自然保護区では懸命に繁殖活動が行なわれている

感動体験

**過去の傷手が原因なのか
近づきすぎにご注意を**

クロサイは遭遇率が低いといわれますが、巨大クレーターの中と範囲が限られているため、比較的出会う機会が多いです。ある日、サファリ・カーが近づきすぎてクロサイに倒されかけているところを見かけたことがあります。世代交代はしているものの、密猟で激減した時代もあったからか、人間との距離感を持ちたいのかもしれませんね。

道祖神●羽鳥 健一さん

Ngorongoro Conservation Area Tanzania

AFRICA アフリカ

1	2	
3	4	5
	6	

[1] ンゴロンゴロ自然保護区にはライオンなどの猛獣が多い
[2] ダチョウは一夫多妻制で1つのグループを作り行動を共にする。最高時速60〜70kmで走り去る景観は圧巻
[3] ンゴロンゴロ・クレーター内のマガディ湖に生息するフラミンゴ。数千羽が水辺に訪れたとき、一斉に飛び立つ瞬間がシャッターチャンス
[4] バッファロー、ゾウ、ライオン、サイと並んで、アフリカ南部での野生動物ビッグ5で知られるヒョウ
[5] クロサイは乾燥したサバンナや、比較的低い木の茂る林などを好む
[6] ンゴロンゴロ・クレーターの外輪は標高約2400m。外輪のエッジからは、草原に覆われたクレーターの内部を見ることができる

クレーターの底は野生動物のサンクチュアリ

Ngorongoro Conservation Area
ンゴロンゴロ自然保護区 ▶ タンザニア

ココで会える動物たち
アフリカゾウ●ライオン●ヒョウ●バッファロー
クロサイ●フラミンゴ●ハイエナ●チーター
ヌー●シマウマ など

TANZANIA

　タンザニア北部に広がる、総面積約8000km²の自然保護区。1979年に世界自然遺産に登録され、2010年に複合遺産として認定。この保護区で目をひく場所は、「巨大な穴」を意味するンゴロンゴロ・クレーターだ。南北16km、東西19km、深さ600mと世界有数のカルデラで、外輪に囲まれた面積約250km²の内部には、約3万頭の野生動物が生息している。絶滅危惧種のクロサイをはじめ、東アフリカのサバンナに生息する動物のほとんどを観察できるという。

　ンゴロンゴロ・クレーターの周辺には、200万頭ものヌーの大群が押し寄せる平原部が広がり、人類発祥の地といわれるオルドバイ峡谷もある。また、200年ほど前に移住してきた、マサイ独特の文化に触れることもできる。

おすすめの旅行シーズン
11〜12月の雨季、1〜3月の乾季

毎年、乾季の終わる11月から徐々にヌーやシマウマの群れが水やエサになる草を求め、数百kmを大移動する。獲物を狙う肉食獣に出くわすチャンスも増える。

1	2	3	4	5	6	7	8	9	10	11	12
乾季			雨季			乾季				雨季	

COLUMN　Olduvai Gorge
人類発祥の地・オルドバイ峡谷

セレンゲティ高原の東に位置する長さ50km、深さ100mの渓谷。アウストラロピテクスなどの人骨化石や石器が多くが発見されたことから、人類発祥の地として知られている。

数百万年前から、この地で人間と動物が共生してきたことがうかがえる

TOUR INFORMATION

旅の予算 53万円　　**旅の日程** 7泊10日

アクセス & フライト時間
17時間〜 日本から約11時間、中東のドーハやドバイで乗り継ぎで、ナイロビまで約6時間。

日本からの直行便はないので、ドーハまたはドバイで乗り継ぎ、ナイロビのジョモ・ケニヤッタ国際空港へ。ンゴロンゴロ自然保護区までは、車で6時間程度。

モデルプラン
タンザニア・サファリの王道コース

どこまでも続く草食動物の連なり、狩りをしかける肉食動物、弱肉強食の世界で垣間見ることができる親子愛など、野生動物が繰り広げる広大無辺な大地を巡る。

1〜2日目　夜に日本を発ち、早朝ドーハで乗り換える。昼、ナイロビ着。ケニアとタンザニア国境のナマンガへ。出入国手続きを済ませ、アルーシャへ。夜、アルーシャ着。市内のホテルへ。

3〜5日目　朝食後、マニャラ湖国立公園へ。午前のサファリを楽しんだあと、ンゴロンゴロ自然保護区へ向かう。夕方まで動物観察をし、夜はロッジへ。滞在2日目は早朝から弁当を持参し、クレーターサファリへ。稀少なクロサイを観察できる可能性が高い。ロッジでもう1泊。

6〜7日目　朝食後、人類発祥の地・オルドバイ峡谷へ向かう。見学後、セレンゲティ国立公園へ行き、午後のサファリを満喫。2日間、午前と午後の2回サファリが楽しめるので、広大な平原でライオンやヒョウなどをじっくり観察できる。

8日目　朝食後、タランギレ国立公園へ向かう。昼食を弁当で済ませ、サファリをしながらロッジへ。不思議な形をした木・バオバブが立ち、多くのゾウが生息する公園で一日を過ごす。

9〜10日目　早朝、アルーシャを経由してナイロビに戻る。国境のナマンガで出入国手続きをし、夕方にナイロビを出発。深夜、ドーハで乗り継ぎ、日本へは翌夕方に到着。

【ツアー催行会社】道祖神　➡P.250
上記は催行されているツアーの一例です。内容は変更する場合があります。

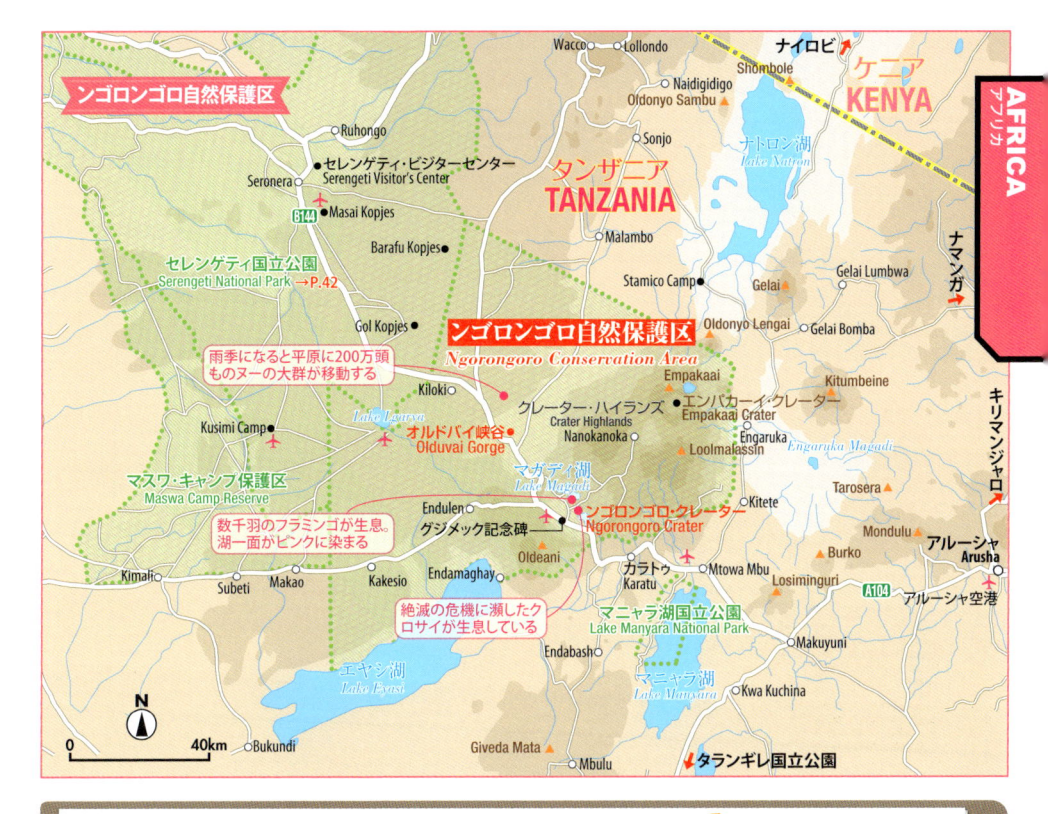

ンゴロンゴロ自然保護区

Ngorongoro Conservation Area

- 雨季になると平原に200万頭ものヌーの大群が移動する
- 数千羽のフラミンゴが生息。湖一面がピンクに染まる
- 絶滅の危機に瀕したクロサイが生息している

AFRICA アフリカ

絶滅危惧種 動物図鑑 AFRICA

ダマガゼル
Dama gazelle
ウシ科　ガゼル属
分布 アフリカ大陸

3属あるガゼルの最大種。体長は1.5mほど。用心深い性格をしていて、常に群れで行動している。砂漠や草原に生息。

クロサイ
Black rhinoceros
サイ科　クロサイ属
分布 アフリカ大陸

体長3mほどで頭に2本の角を持つ。植物食で、低木の葉や草を食べる。角を目的とする密漁で生息数は激減。

アフリカゾウ
African elephant
ゾウ科　アフリカゾウ属
分布 アフリカ大陸

体長6～7.5m、体重5～7tある草食動物、陸生哺乳類では最大。大きな三角形の耳と長い牙が特徴。1日の採食量は200～300kgほど。

Encyclopedia

14 Etosha National Park　Namibia
エトーシャ国立公園　ナミビア

乾いた大地に多くの水場が点在する
サバンナの生き物の宝庫

AFRICA
アフリカ

国立公園内には数多くの水場が点在し、さまざまな動物たちが集まってくる。なかでもシマウマやレイヨウの仲間が多く見られる

感動体験

夕暮れのオアシスに集まる
美しいナミビアの野生動物たち

乾いた大地でもこんなに多くの野生動物が生息しているんだと実感。沈みゆく夕日に向かってキリンの家族が夕方のジョギング(?)をしていたり、訪問客の気配に気づいたミーアキャットが土の中から顔を出したり。公園内のキャンプ場は清潔&リーズナブルなので、高級ロッジに泊まらずとも動物たちの王国を楽しむことができました。

フォトエッセイスト●白川 由紀さん

Etosha National Park Namibia

AFRICA
アフリカ

	1	
2	3	4

1 キリンが長い首を曲げて水を飲む姿を沿道から観察できる
2 貫禄たっぷりに道路を横断するライオンの夫婦。シマウマたちが離れたところから遠巻きにじっと見つめている
3 後ろ足で立ち上がる姿を見せるのはあたりを警戒しているときなのだとか。同じ方向、同じポーズで遠くを見つめるミーアキャットたち
4 オリックスはレイヨウの仲間。まっすぐにV字状に伸びた長い角と胴体の黒い模様がスマートで美しい印象を与える。同じレイヨウの仲間で跳躍力抜群のスプリングボックも暮らしている

65

南アフリカの代表的なサファリパーク

Etosha National Park
エトーシャ国立公園 ▶ ナミビア

ココで会える動物たち
オリックス●スプリングボック●ライオン
カオグロインパラ●シロサイ●クロサイ
ゾウ●キリン●ミーアキャットなど

NAMBIA

ナミビア北部に位置する面積約2万3000km²の動物保護区。中央にエトーシャ・パンと呼ばれる巨大なソーダ湖（強アルカリ塩湖）があり、周囲に視界の開けたサバンナが広がる。多様な植生と多くの水場に恵まれて、乾燥地帯の動物の大半が生息している。なかでもアフリカ最大級のゾウやシロサイ、エトーシャ固有のカオグロインパラ、長いV字の角が美しいオリックスなど、稀少で個性派の動物が見ものだ。フェンスで囲まれた公園内は道路以外の立ち入りは禁止。ルートが限られるため、ガイドをつけずレンタカーでまわる旅行者も多い。水場が豊富なので、道路からでも動物を頻繁に見つけられる。公園内にはレストランやプール付のバンガロー＆ロッジが4カ所ある。

おすすめの旅行シーズン
4〜10月の乾季

11〜3月の雨季を除いて乾燥した気候が続く。降水量がとくに低い冬の7〜9月は、動物が水場に最も集まりやすい。冬の日中は20〜25℃、朝晩は10℃以下に冷え込む日もある。

1	2	3	4	5	6	7	8	9	10	11	12
雨季			乾季							雨季	

COLUMN Namib Desert
果てなく広がるナミブ砂漠

約8000万年前に生まれ、世界最古の砂漠といわれる。大西洋岸に南北約1300km、東西48〜160kmにわたって広がる。ナミブとは現地の言葉で「何もない」。国名の由来となった。

世界一の美しさと讃えられるナミブ砂漠。このスケール感を現地で体験してみたい

TOUR INFORMATION

旅の予算 74万円
旅の日程 12泊15日

アクセス＆フライト時間 24時間〜
香港か北京まで5時間、さらにヨハネスブルグまで13時間、ナミビアまで2時間。

日本からの直行便はないので、ドーハ、ドバイや香港、北京など第3国を経由。南アフリカのヨハネスブルグで乗り換え、ナミビア共和国のウィントフック・ホセア・クタコ国際空港へ（乗り継ぎ時間を入れると30時間以上）。空港からはレンタカーで行くか、モクティ・エトーシャ・ロッジやオンガヴァ・ロッジ行きの軽飛行機のツアーを利用。

アクセス＆フライト時間
広大な砂漠と動物観察のプラン

ナミビアの大西洋岸に連なるナミブ砂漠の月世界のような景色をドライブしながら堪能。エトーシャ国立公園ではサバンナに暮らす多様な野生動物をウォッチング。

1日目 日本を夕方出発し、香港または北京を経由して南アフリカのヨハネスブルグへ。

2-5日目 早朝にヨハネスブルグに到着後、乗り継いでナミビアの首都ウィントフックに昼頃着。車でナミブ砂漠近くのセスリエム地区へ向かう。車で移動しながら3日間かけてナミブ砂漠の観光名所をまわり、荒涼とした風景を楽しむ。

6-9日目 車で北上し、オットセイの群生地・ケープクロス、多くの野生動物がいるパームバッハ、遊牧民ヒンバ族の居住地域カオコランドを巡り、アンゴラ国境のエプパへ向かう。

10-12日目 エトーシャ国立公園へ車で移動。国立公園の西端にあるロッジに宿泊する。11日目は国立公園内を西から東へ移動しながら動物を観察し、東側のロッジに宿泊。翌日は終日サファリ。夜はロッジに集まる動物ウォッチングも。

13-15日目 車でウィントフックへ戻り、着後時間があればショッピングを楽しむ。翌朝、ウィントフックを発ち、ヨハネスブルグ、香港で乗り換えて、15日目に日本へ帰国。

【ツアー催行会社】道祖神 ➡P.250
上記は催行されているツアーの一例です。内容は変更される場合があります。

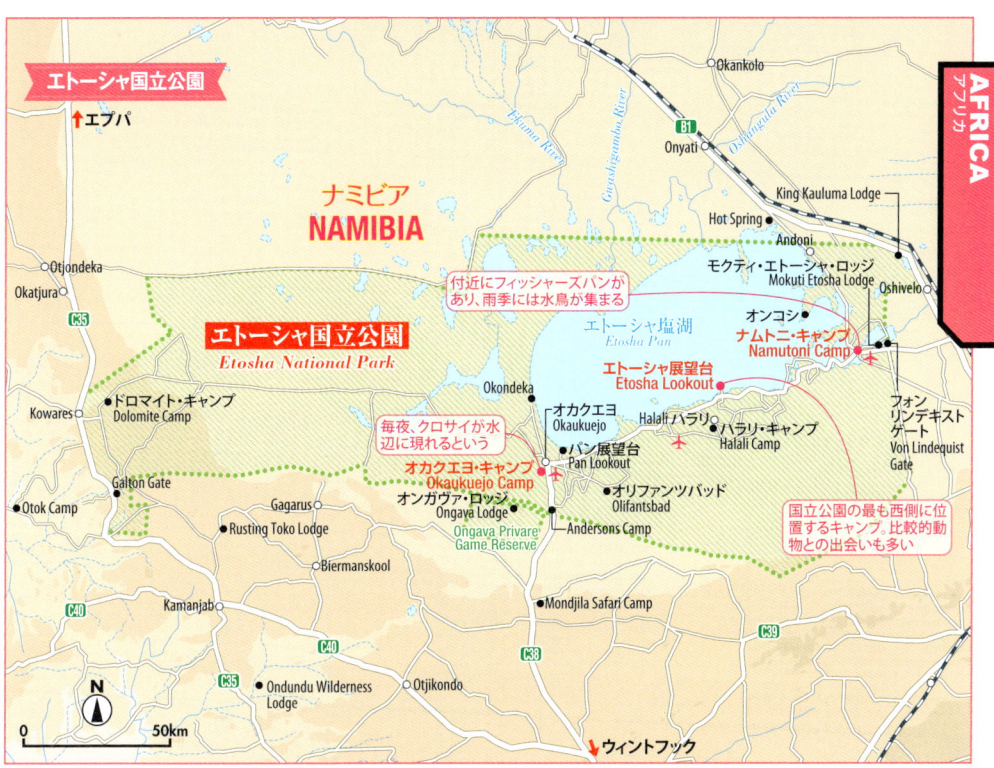

エトーシャ国立公園

ナミビア / NAMIBIA

エトーシャ国立公園 / Etosha National Park

- エプパ
- Okankolo
- Onyati
- King Kauluma Lodge
- Hot Spring
- Andoni
- モクティ・エトーシャ・ロッジ / Mokuti Etosha Lodge
- Oshivelo
- Otjondeka
- Okatjura
- エトーシャ塩湖 / Etosha Pan
- 付近にフィッシャーズパンがあり、雨季には水鳥が集まる
- オンコシ
- ナムトニ・キャンプ / Namutoni Camp
- Kowares
- ドロマイト・キャンプ / Dolomite Camp
- Okondeka
- オカクエヨ / Okaukuejo
- エトーシャ展望台 / Etosha Lookout
- ハラリ / Halali
- ハラリ・キャンプ / Halali Camp
- フォン リンデキスト ゲート / Von Lindequist Gate
- Galton Gate
- 毎夜、クロサイが水辺に現れるという
- オカクエヨ・キャンプ / Okaukuejo Camp
- パン展望台 / Pan Lookout
- オリファンツバッド / Olifantsbad
- Otok Camp
- Gagarus
- Rusting Toko Lodge
- オンガヴァ・ロッジ / Ongava Lodge
- Andersons Camp
- Ongava Private Game Reserve
- 国立公園の最も西側に位置するキャンプ。比較的動物との出会いも多い
- Biermanskool
- Kamanjab
- Mondjila Safari Camp
- Ondundu Wilderness Lodge
- Otjikondo
- ↓ ウィントフック

0 — 50km

AFRICA / アフリカ

絶滅危惧種 動物図鑑 AFRICA

チーター / Cheetah
ネコ科　チーター属
分布：アフリカ大陸

体長110〜140cm、体重40〜65kgの肉食類。幼獣の死亡率は捕食などにより95%と高い。地上最速の動物とされる。

ミナミジサイチョウ / Southern Ground Hornbill
ジサイチョウ科
分布：アフリカ大陸

群れで暮らし、卵を産むのはそのトップのペアだけ。ほかは子育てを手伝う。飛翔距離が短く、地面にいることが多い。

リカオン / African Wild Dog
イヌ科　リカオン属
分布：アフリカ大陸

体長は75〜110cm、体重18〜36kg、体は個々によってさまざまに色分けされている。多くは群れをなし、チーム共同で獲物を狩ったり、子育てをする。

Encyclopedia

15 Bwindi Impenetrable National Park Uganda
ブウィンディ原生国立公園　ウガンダ

緑深い原生の森をかき分けて
威厳ある霊長類の繊細な生活を垣間見る

AFRICA
アフリカ

森の草むらにマウンテンゴリラの親子が集まる。繊細なゴリラを刺激しないよう静かに観察しよう

感動体験

森の長であるオスゴリラと心を通わすアイコンタクト

通称シルバーバックといわれるリーダー格のオスゴリラが目の前に立ちはだかりポコポコと胸を叩いて威嚇の合図を始めました。不思議なことに怖いという気持ちにはなりませんでした。それは、ゴリラの持つ穏やかな性格と、これ以上、近づかないでという意思表示に思えたからです。ゴリラはやさしい目で訴えかけてきて、まるで人間と接しているようでした。

道祖神●紙田 恭子さん

Bwindi Impenetrable National Park Uganda

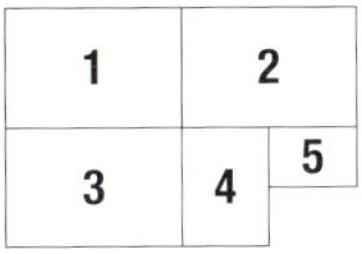

AFRICA アフリカ

1	2	
3	4	5

1 見慣れてくると、大きなつぶらな瞳の奥にやさしさを感じられるようになる
2 人がやってくると幼いゴリラは母親の膝の上で怯えることも
3 木の根や葉、果実などを食べる。ゴリラは穏やかでやさしい性格のため、人を襲うことはない
4 サバンナに生息する、赤い頭の毛とふさふさの白い頬毛が印象的なレッドキャップマンガベイも見ることができる
5 仲良く毛繕いをする2匹のパタスモンキー

マウンテンゴリラとの遭遇率は95％以上

Bwindi Impenetrable National Park
ブウィンディ原生国立公園 ▶ ウガンダ

UGANDA

ココで会える動物たち

マウンテンゴリラ●チンパンジー●アフリカゾウ
コロブスモンキー●モリイノシシ●アフリカヒヨドリ
レイヨウ●ミドリカッコウ●アフリカミドリヒロハシ など

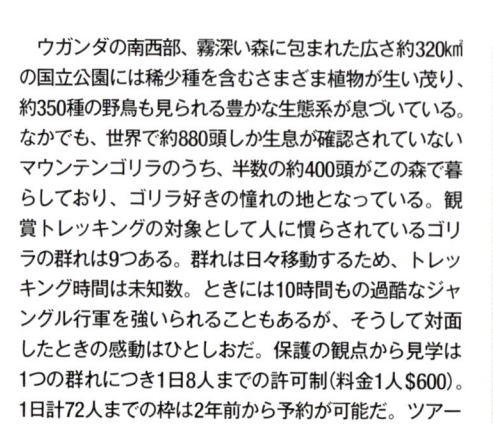

ウガンダの南西部、霧深い森に包まれた広さ約320km²の国立公園には稀少種を含むさまざま植物が生い茂り、約350種の野鳥も見られる豊かな生態系が息づいている。なかでも、世界で約880頭しか生息が確認されていないマウンテンゴリラのうち、半数の約400頭がこの森で暮らしており、ゴリラ好きの憧れの地となっている。観賞トレッキングの対象として人に慣らされているゴリラの群れは9つある。群れは日々移動するため、トレッキング時間は未知数。ときには10時間もの過酷なジャングル行軍を強いられることもあるが、そうして対面したときの感動はひとしおだ。保護の観点から見学は1つの群れにつき1日8人までの許可制（料金1人$600）。1日計72人までの枠は2年前から予約が可能だ。ツアー会社を通して申し込む。

おすすめの旅行シーズン
6〜9月、12〜2月の乾季
平均気温が26℃なので一年中いつ訪れても快適。ゴリラトレッキングも一年中開催されている。ジャングル内が歩きやすい乾季がベストシーズン。12月は乾季だが小雨が降る。

1	2	3	4	5	6	7	8	9	10	11	12
乾季		雨季			乾季				雨季		乾季

COLUMN　Equator
赤道が通る街
首都カンパラの南には赤道が通っており、道路と交わる地点には記念撮影にうってつけのモニュメントが設置されている。近くの店では赤道到達証明書も販売。

近くには北半球と南半球で、水の渦が逆回りになることを実験できる水桶がある

TOUR INFORMATION

旅の予算 65万円
旅の日程 7泊10日
アクセス & フライト時間 18時間〜
日本から約11時間、中東のドバイで乗り継いで、エンテベまで約7時間。

日本からの直行便はないので、ドーハまたはドバイで乗り継ぎ、ウガンダのエンテベ国際空港へ（乗り継ぎ時間を入れると22時間程度）。首都カンパラからブウィンディ原生国立公園までは車で1日かかる。

モデルプラン
ウガンダの国立公園を巡る
キバレ森林国立公園、クイーン・エリザベス国立公園、ブウィンディ原生国立公園と個性ある公園を移動して、チンパンジーやマウンテンゴリラなど稀少な動物に出会う。

1日目 夜に日本を出発してドーハまたはドバイで乗り継ぎ、2日目午後にエンテベ国際空港着。

2〜3日目 2日目はツアーの送迎車で空港から移動し、首都のカンパラ泊。3日目午前中にキバレ森林国立公園へ向かい、チンパンジー・トレッキング。12種類の霊長類が暮らしている見どころの多い森だ。公園内のロッジに宿泊。

4〜6日目 朝食後に出発し、赤道通過時には記念撮影。4日目午後〜5日目とクイーン・エリザベス国立公園でサファリ。ボートサファリではカバや水鳥に、車のサファリではウガンダ固有のウガンダコーブなどに会える。6日目は途中、イシャシャ地区でサファリを楽しみつつ移動。

7日目 前日にブウィンディ原生国立公園着。朝、トレーナーによる注意事項をしっかり聞いてからゴリラ・トレッキングへ。トレッキングの道程や所要時間は状況により異なる。また、ゴリラの観察時間は1時間と決まっている。

8〜10日目 カンパラへ戻って、9日朝はマーケットなど市内を観光。昼にはエンテベ国際空港に移動し、ドーハまたはドバイで乗り継いで10日目夕方に日本帰国。

【ツアー催行会社】道祖神 ➡ P.250
上記は催行されているツアーの一例です。内容は変更される場合があります。

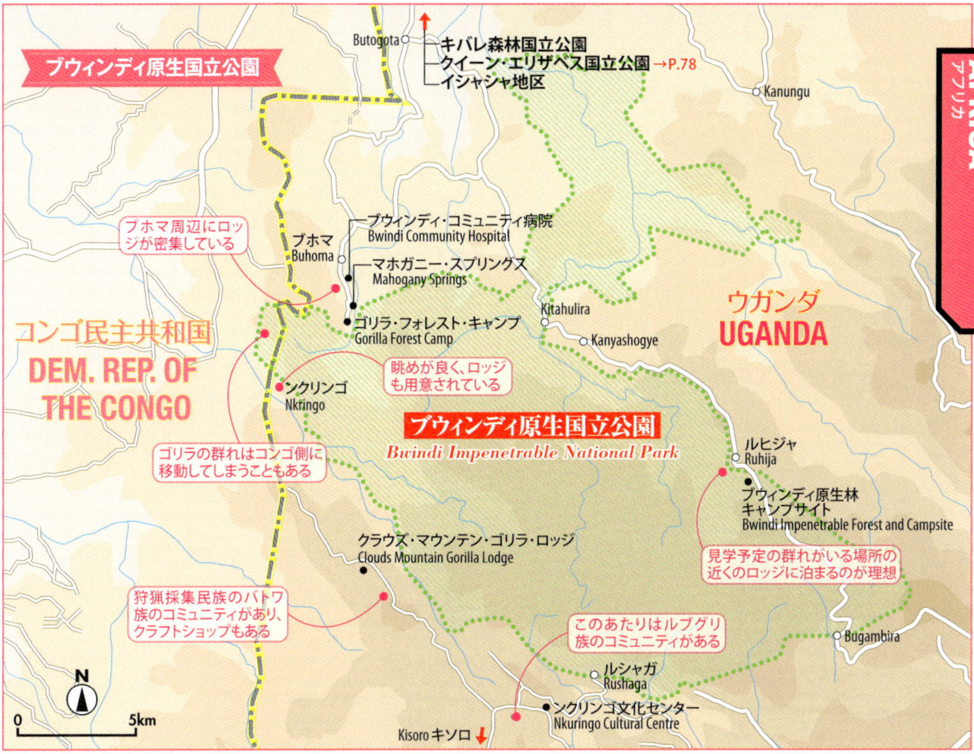

ブウィンディ原生国立公園

キバレ森林国立公園
クイーン・エリザベス国立公園 →P.78
イシャシャ地区

Butogota
Kanungu

コンゴ民主共和国
DEM. REP. OF THE CONGO

ブホマ周辺にロッジが密集している

ブウィンディ・コミュニティ病院
Bwindi Community Hospital

ブホマ Buhoma

マホガニー・スプリングス
Mahogany Springs

ゴリラ・フォレスト・キャンプ
Gorilla Forest Camp

Kitahulira

Kanyashogye

ウガンダ
UGANDA

ンクリンゴ Nkringo

眺めが良く、ロッジも用意されている

ゴリラの群れはコンゴ側に移動してしまうこともある

ブウィンディ原生国立公園
Bwindi Impenetrable National Park

ルヒジャ Ruhija

ブウィンディ原生林キャンプサイト
Bwindi Impenetrable Forest and Campsite

クラウズ・マウンテン・ゴリラ・ロッジ
Clouds Mountain Gorilla Lodge

見学予定の群れがいる場所の近くのロッジに泊まるのが理想

狩猟採集民族のバトワ族のコミュニティがあり、クラフトショップもある

このあたりはルブグリ族のコミュニティがある

Bugambira

ルシャガ Rushaga

ンクリンゴ文化センター
Nkuringo Cultural Centre

Kisoro キソロ

N　0　5km

AFRICA アフリカ

絶滅危惧種　動物図鑑　AFRICA

マンドリル
Mandrill

分布 アフリカ大陸

オナガザル科　マンドリル属

赤い鼻、青い頬、黄色の髭など、カラフルな顔が特徴。食性は雑食。頬には袋があり、胃袋と同じくらい食料を貯められる。

ゴリラ
Gorilla

分布 アフリカ大陸

ヒト科　ゴリラ属

多湿林に群れで生活するが、開発や内戦、エボラなどが原因で生息数は減少。食性は雑食性。交尾期以外は温和な性格。

エリマキキツネザル
Black-and-white ruffed lemur

分布 マダガスカル固有種

キツネザル科　エリマキキツネザル属

体長は50～55cm。マダガスカル島の熱帯雨林にのみ生息し、多くは家族単位の群れで、樹上生活する。タビビトノキの花の蜜や果実などを好んで食べる。

Encyclopedia

16 Murchison Falls National Park　Uganda
マーチソン・フォールズ国立公園　ウガンダ

ナイル川の豪壮な滝の周りに
絶滅危惧種の野生動物を探しに行く

AFRICA
アフリカ

獲物を狙うとき、微動だにしないことから「動かない鳥」として有名なハシビロコウ。体は大きく翼を広げると2m以上にもなる

1	
2	3

1 ウガンダキリンともいわれるロスチャイルドキリンは膝から下が白く、遭遇率も比較的高い
2 特徴的な大きな角を持つウガンダコーブが壮大なサバンナにたたずむ
3 ボートクルーズでは川岸でカバの親子が水浴びをするシーンにも出会える

感動体験

草原地帯の空をおおらかに飛ぶ大きなくちばしの人気者

ふと空を見上げたとき、つがいのハシビロコウを目撃。頭が大きいので一目でわかり、車で追いかけました。近づくことができ、向かい合う2羽を観察。一般に動かないユニークな姿の鳥というイメージが強いですが薄紫のきれいな羽を持ち、それが日に照らされるととても美しく印象的です。イメージとは異なる野生ならではの美しさでした。

道祖神●紙田 恭子さん

マーチソン・フォールズ国立公園

- 美術館やギフトショップがある
- ゲームサファリやボートサファリはほぼここから出発している
- 北岸、南岸にそれぞれビューポイントがある
- 見どころのひとつの滝。周辺では鳥、水牛、ウガンダコーブなど多くの野生生物が見られる
- ウガンダで最も多くのチンパンジーが棲む森
- 首都のカンパラまで約240km

主な地名: Nwoya, Anaka, Koc, Lolim, Purongo, Lalem, Olwiyo, Pakwryo, Agwok, Pakwach, Paroketto, Wankwar Gate, Tebito, Te'okoto, Oguen, Parombo, Panyimur, Pakuba, Paraa Safari Lodge, Paraa, Murchison Falls, Karuma, カルマ・フォールズ Karuma Falls, Nile Safari Lodge, Murchison Falls National Park Visitors Centre, Wanseko, Bugungu Gate, Sambiya Safari Lodge, Mahagi Port, Bulisa, Ruangi, Kigoya, Bugana, Bugungu Wildlife Reserve, Warringo, Rabongo Forest Cottage, Karuma Game Reserve, Kinyanga, Kaniyo Pabidi Ecotourism Site, Kitwanga, Kiryanuongo, ブドンゴの森 Budongo Forest, カンパラ Kampala, アルバート湖 Lake Albert, ヴィクトリア・ナイル川 Victoria Nile River, 白ナイル川

ボートサファリでナイル川岸の動物を観察

Murchison Falls National Park
マーチソン・フォールズ国立公園 ▶ ウガンダ

AFRICA アフリカ

UGANDA

ココで会える動物たち
ハシビロコウ●カバ●ナイルワニ●アフリカゾウ
ライオン●ハイエナ●ロスチャイルドキリン
バッファロー●ウガンダコーブ●キンランチョウ など

　ウガンダ北西部に位置する国立公園で、約3900km²という国内最大の広さを誇る。川、森林、湿地、サバンナ、デルタ地帯と豊かな地勢を持ち、76種の哺乳類、約450種の野鳥が確認されている。公園を分断するヴィクトリア・ナイル川は、園名の由来となった滝、マーチソン・フォールズに流れ込み、そこから白ナイル川へと名前を変える。迫力満点の滝見学をハイライトに、川岸に集まるカバやワニ、ゾウ、水鳥などを観察するボートサファリが人気だ。川の北岸はサバンナで、ライオンやヒョウ、ハイエナなどの肉食獣や稀少なロスチャイルドキリンに出会える。公園は野鳥観察にも適しており、とくに絶滅危惧種のハシビロコウはアルバート湖沿いの湿原地帯に多く生息。南岸のブドンゴの森ではチンパンジー・トレッキングも体験できる。

おすすめの旅行シーズン
6〜9月、12〜2月の乾季

気候も温暖で通年訪れることができるが、動物が水の近くに集まる乾季が観察しやすい。バードウォッチングなら観光客が少なく鳥の活動が活発な1〜3月ベスト。

1	2	3	4	5	6	7	8	9	10	11	12
乾季		雨季			乾季				雨季		乾季

COLUMN　Murchison Falls
マーチソン・フォールズ

落差40m以上、約100mの川幅を6mにまで狭めて勢いよく流れ落ちる滝。ボートサファリでの下流からの眺め、滝上の展望台からの眺め、ともに印象的だ。

ウガンダでも人気の観光スポット。川岸ではさまざまな野生動物を見ることができる

TOUR INFORMATION

旅の予算 37万円
旅の日程 5泊8日
アクセス & フライト時間 18時間〜
日本から約11時間、中東のドバイで乗り継いで、エンテベまで約7時間。

日本からの直行便はないので、ドーハまたはドバイで乗り継ぎ、ウガンダのエンテベ国際空港へ（乗り継ぎ時間を入れると22時間程度）。空港から首都カンパラまでは専用車に乗り（約1時間）、カンパラからマーチソン・フォールズ国立公園までは車をチャーターして約4時間。

モデルプラン
お目当ての国立公園にじっくり滞在

マーチソン・フォールズ国立公園は広大で1日ではとてもまわりきれない。ゆっくり2泊とってボートサファリやゲームサファリ、トレッキングなど多彩なツアーを体験しよう。

1-2日目 夜に日本を出て、2日目早朝にドバイかドーハで乗り継ぎ。午後には首都カンパラの南西に位置するエンテベ国際空港に到着。この日はエンテベのホテルに宿泊。

3日目 ラムサール条約にも登録されているマバンバ湿地へ。バードウォッチングの名所として知られており、稀少なハシビロコウも生息している。観察後は首都のカンパラに移動。

4-6日目 朝からマーチソン・フォールズ国立公園に向けて出発。まずはボートに乗って、この公園を象徴する滝、マーチソン・フォールズを見に行く。ボートからの野生生物観察も楽しい。5、6日目はナイル川北岸でゲームサファリをしたり、アルバート湖の近くまでハシビロコウを探しに行ったり、豊かな生態系を存分に満喫。

7日目 6日目夜にはカンパラに戻る。7日目朝からマーケットでの買物や、市内観光を楽しんでからエンテベに戻り、午後の便で発つ。

8日目 深夜にドバイまたはドーハで乗り換えて、この日の夕方に日本に到着する。

【ツアー催行会社】道祖神 ➡ P.250
上記は催行されているツアーの一例です。内容は変更される場合があります。

▶ **17　Queen Elizabeth National Park**　Uganda
クイーン・エリザベス国立公園　ウガンダ

多様な地理環境が豊かな生態系をはぐくむ
カバのパラダイスに潜入!!

AFRICA
アフリカ

ひなたぼっこするカバの集団。日中のカバは水の中で生活していることが多い。夜になると陸に上がり、長い距離をかけてエサを食べに行く

感動体験

人間とカバが共存する光景を目にする面白い場所

国立公園のなかでも珍しく、公園内に漁村があり人々が漁をしながら生活することが許されているエリア。ボートサファリでは、人々が体を洗ったり、川で洗濯をする横でカバが水浴びをしている姿を見かけることがあります。カバは通常、危険な動物といわれているので、すぐ近くで普通に暮らしている様子にたいへん驚きました。

道祖神●紙田 恭子さん

1	2
3	5
4	

1 アフリカ最強の肉食獣、ライオン。夜行性のため、日中は寝ている姿を見かけることが多い。公園内の限定されたエリアではたまに木登りライオンに遭遇することも
2 立派な角が印象的なバッファロー。個体により角の角度が微妙に違うそんなバッファローの群れなどおかまいなしに、すぐ脇をのんびりとカバが通り過ぎてゆく
3 ワニとウの組み合わせ。動物園ではなかなか見られない、自然界での動物たちの共存を垣間見る瞬間
4 赤い冠が目を引くムラサキエボシドリは、森林地帯や水辺で見られる
5 渇きを癒すため、水を飲みにやってきたアフリカゾウ

Queen Elizabeth National Park Uganda

AFRICA
アフリカ

カバだけでなく、種類豊富な鳥も見どころ

Queen Elizabeth National Park
クイーン・エリザベス国立公園 ▶ ウガンダ

ココで会える動物たち
カバ●ゾウ●バッファロー●ライオン
ウガンダコーブ●ウォーターバック●ワニ
モリイノシシ●ペリカン●サギ●アフリカハゲコウなど

赤道直下の国ウガンダの西、コンゴとの国境近くにある。約2000㎢という広大な面積を誇り、東アフリカでも人気の国立公園だ。サバンナや森林、湖、湿原などさまざまな環境に取り巻かれた場所であるため、多くの生態系を観察できるのが魅力。出会える動物は、カバやゾウ、ライオンなどの哺乳類約90種、ペリカンやサギなどの鳥類は600種を超える。鳥類の種類に関しては、東アフリカの国立公園のなかで最も多い。とくに水辺で見られる鳥たちの種類が充実しているので、ボートサファリには参加したい。ボートで運河を巡り、水浴びするカバやゾウの群れと、多様な水鳥たちの競演に遭遇する。ほかにドライブサファリやウォーキングサファリも楽しめる。

TOUR INFORMATION

旅の予算 44万円
旅の日程 5泊8日

アクセス & フライト時間
18時間〜
日本から約11時間、中東のドバイで乗り継いで、エンテベまで約7時間。

日本からの直行便はないので、ドーハまたはドバイで乗り継ぎ、ウガンダのエンテベ国際空港へ（乗り継ぎ時間を入れると22時間程度）。空港から首都カンパラまではシャトルバスに乗り（約1時間）、カンパラからクイーン・エリザベス国立公園までは車をチャーターして約7時間。

モデルプラン
車で、ボートで、サファリを楽しむ

クイーン・エリザベス国立公園ではドライブサファリ、ボートサファリを楽しみ、サファリ三昧。場所や時間で違う、動物たちの日常をじっくり観察するには、2〜3日は欲しい。

1・2日目 夜に日本を出発し、翌日早朝にドバイで乗り継ぐ。午後にはエンテベ国際空港に到着。空港からの送迎で、首都カンパラへ。時間があれば市内を観光。

3日目 早朝からマバンバ湿地へ向かう。動かない鳥として有名なハシビロコウ・ウォッチング。その後クイーン・エリザベス国立公園へと移動し、到着後はテントを設営する。

4日目 早朝サファリを楽しむ。午後は、カジンガ運河でボートサファリを体験する。世界でいちばんカバが多く集まるという場所へボートで向かう。観察できる水鳥の種類もさまざま。船を降りたあとは再びドライブサファリ。

5日目 涼しい時間帯の朝と夕方の2度、サファリを楽しむ。ウガンダコーブやモリイノシシなどの、ほかではあまり見られない動物たちが生息している。

6〜8日目 朝食後、カンパラへ戻り宿泊。翌日の午前中はショッピングを楽しみ、午後にはエンテベ国際空港を出発。深夜にドバイで乗り継ぎ、翌日の夕方に日本に到着する。

【ツアー催行会社】道祖神 ➡ P.250
上記は催行されているツアーの一例です。内容は変更される場合があります。

おすすめの旅行シーズン
6〜8月、12〜2月の乾季

ウガンダは赤道直下に位置するが、標高が高いため高温にはならない。一年を通して平均気温が23℃と過ごしやすい。交互に乾季と雨季があり、旅行には乾季のほうがおすすめる。

1	2	3	4	5	6	7	8	9	10	11	12
乾季		雨季			乾季			雨季			

COLUMN — Cazinga Channel
カジンガ運河をボートサファリで楽しむ

小さなボートに乗って、エドワード湖とジョージ湖をつなぐカジンガ運河を探検する。水辺に集まるカバやゾウ、バッファロー、水鳥の群れは、迫力満点！

クイーン・エリザベス国立公園では、ボートサファリがハイライト。地元の漁師に会うこともある。

UGANDA

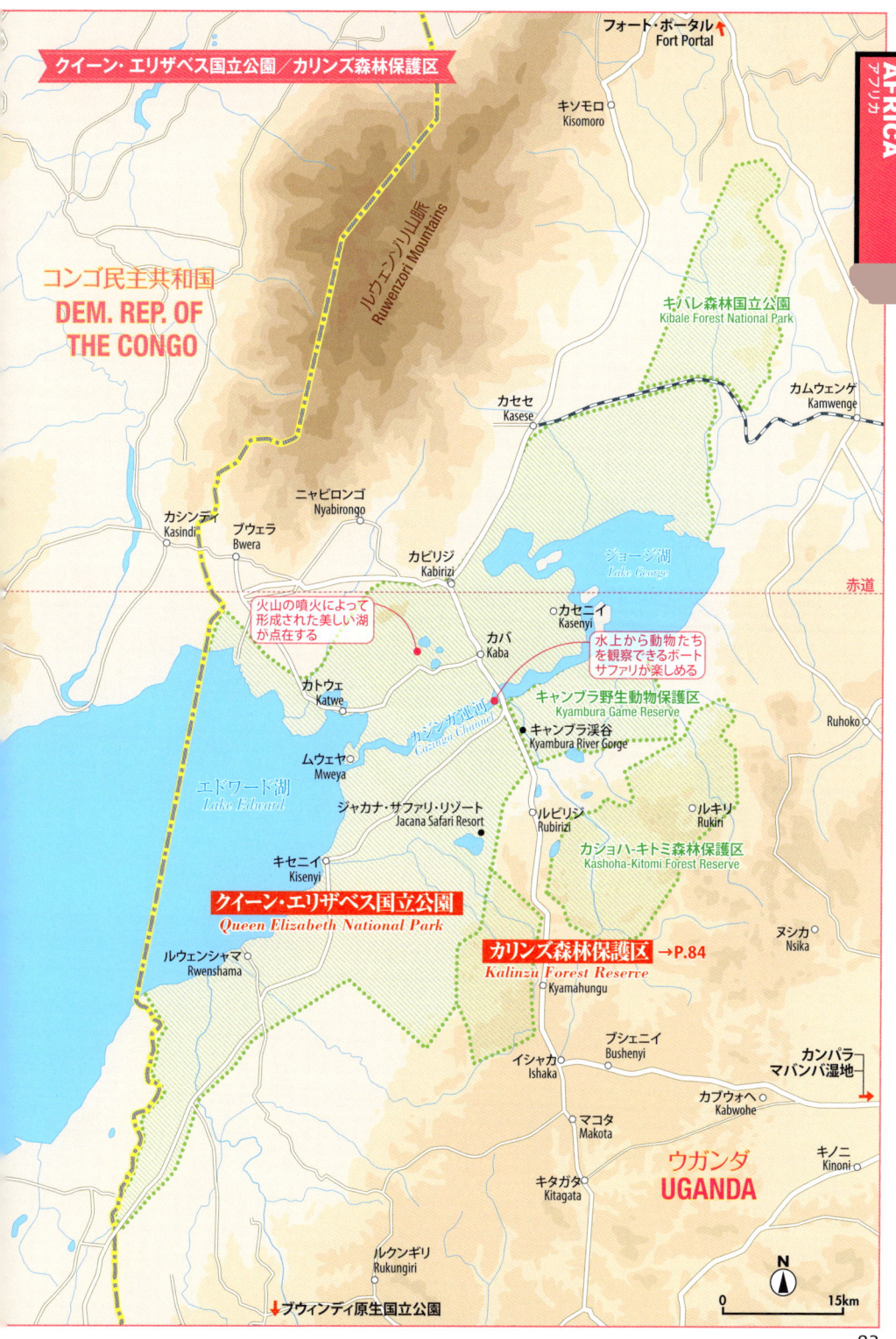

クイーン・エリザベス国立公園／カリンズ森林保護区

AFRICA アフリカ

コンゴ民主共和国
DEM. REP. OF THE CONGO

ルウェンゾリ山脈
Ruwenzori Mountains

フォート・ポータル
Fort Portal

キソモロ
Kisomoro

キバレ森林国立公園
Kibale Forest National Park

カセセ
Kasese

カムウェンゲ
Kamwenge

カシンディ
Kasindi

ニャビロンゴ
Nyabirongo

ブウェラ
Bwera

カビリジ
Kabirizi

ジョージ湖
Lake George

赤道

火山の噴火によって形成された美しい湖が点在される

カトウェ
Katwe

カバ
Kaba

カセニイ
Kasenyi

水上から動物たちを観察できるボートサファリが楽しめる

カジンガ水路
Kazinga Channel

ムウェヤ
Mweya

キャンブラ野生動物保護区
Kyambura Game Reserve

キャンブラ渓谷
Kyambura River Gorge

Ruhoko

エドワード湖
Lake Edward

ジャカナ・サファリ・リゾート
Jacana Safari Resort

ルビリジ
Rubirizi

ルキリ
Rukiri

キセニイ
Kisenyi

カショハ-キトミ森林保護区
Kashoha-Kitomi Forest Reserve

ヌシカ
Nsika

クイーン・エリザベス国立公園
Queen Elizabeth National Park

カリンズ森林保護区 →P.84
Kalinzu Forest Reserve

ルウェンシャマ
Rwenshama

キャマフング
Kyamahungu

ブシェニイ
Bushenyi

カンパラ
マバンバ湿地

イシャカ
Ishaka

カブウォヘ
Kabwohe

マコタ
Makota

ウガンダ
UGANDA

キノニ
Kinoni

キタガタ
Kitagata

ルクンギリ
Rukungiri

↓ブウィンディ原生国立公園

N

0　　　　15km

83

18 Kalinzu Forest Reserve　Uganda
カリンズ森林保護区　ウガンダ　MAP P.83

エコツーリズムによって未来を見出した
豊かなチンパンジーの森

AFRICA
アフリカ

チンパンジーたちの生活を観察をすれば、人間に近い行動や知能の高さに驚く

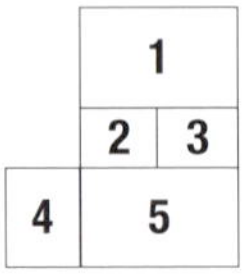

	1	
	2	3
4	5	

1 しっぽの先が赤いレッドテイルドモンキー
2 森の中で見上げれば、すごいジャンプ力で木から木へ飛び移る動物たちの姿が
3 長い手足を持つパタスモンキー。陸上を速く走ることができる
4 ブルーモンキーは、お面を被っているようなユニークな顔立ち
5 胸元の白い毛が特徴のロエストモンキー

感動体験

毎日チンパンジーを追っていると貴重な場面にも出会える

細長い枝をアリ塚に差し込み、枝についてきたアリを食べる「アリ釣り」や、数匹のチンパンジーが獲物を追い込み、もう一歩というところで獲物を逃して失敗の原因となったチンパンジーがほかの仲間に怒られるというシーンを見ることもできました。彼らの行動や感情は人間にたいへん近いのかもしれません。

道祖神●紙田 恭子さん

チンパンジーを中心とした霊長類が生息

Kalinzu Forest Reserve
カリンズ森林保護区 ▶ ウガンダ

AFRICA アフリカ

UGANDA

ココで会える動物たち
チンパンジー●アカオザル●ブルーモンキー
ロエストモンキー●アビシニアコロブス
アヌビスヒヒ●イノシシ●カモシカ類など

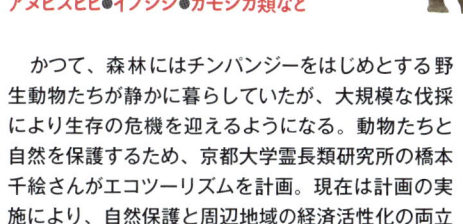

かつて、森林にはチンパンジーをはじめとする野生動物たちが静かに暮らしていたが、大規模な伐採により生存の危機を迎えるようになる。動物たちと自然を保護するため、京都大学霊長類研究所の橋本千絵さんがエコツーリズムを計画。現在は計画の実施により、自然保護と周辺地域の経済活性化の両立が図られている。

カリンズ森林保護区のチンパンジーは、人慣れしているという珍しい特徴を持つ。人間に捕らえられることがなかったため、人間を恐れないのだ。保護・調査のため一頭ずつ名前がつけられ、行動について日々研究されている。森には、ほかにアカオザルやアオザルなどの霊長類、イノシシ、カモシカ類などが生息している。

おすすめの旅行シーズン
6～8月、12～2月の乾季

ウガンダは赤道直下に位置するが、標高が高いため高温にはならない。一年を通して平均気温が23℃と過ごしやすい。交互に乾季と雨季があり、旅行には乾季のほうがおすすめ。

1	2	3	4	5	6	7	8	9	10	11	12
乾季		雨季			乾季			雨季			

COLUMN
エコツーリズムということ

自然や野生動物など地域の魅力的な資源によって観光客を呼び、保護活動に繋げていこうとする活動。住民の雇用や地域の産物の流通が、経済の活性化にも繋がっていく。

カリンズ森林保護区では、自然保護や野生動物と人間との共存をめざし、環境教育も行なう

TOUR INFORMATION

旅の予算 41万円
旅の日程 7泊10日

アクセス & フライト時間
18時間～
日本から約11時間、中東のドバイで乗り継いで、エンテベまで約7時間。

日本からの直行便はないので、ドーハまたはドバイで乗り継ぎ、ウガンダのエンテベ国際空港へ（乗り継ぎ時間を入れると22時間程度）。空港から首都カンパラまではシャトルバスに乗り（約1時間）、カンパラからカリンズ森林保護区までは車をチャーターして約7時間。

モデルプラン
チンパンジーを探してトレッキング

ガイド付トレッキングツアーもあるが、長期滞在ならチンパンジー調査に参加できるスタディツアーがおすすめ。チンパンジーたちの興味深い行動がじっくり観察できる。

1～3日目
夕方日本を出発。ドバイで乗り継いで、ウガンダのエンテベ国際空港へ。2日目の午後には到着し、首都カンパラへ移動。宿泊先のホテルへ。翌日の朝食後に**カリンズ森林保護区**へ向かう。到着後、滞在についてのレクチャーを受ける。カリンズではテントで宿泊。

4～6日目
終日、チンパンジーの観察と調査。研究者とともに森の中を歩き、チンパンジーを追いかける。チンパンジーたちは訪問者の顔が識別でき、しだいに慣れてくるため、日を重ねるごとに彼らに近づくチャンスが増えてくる。調査終了後はレクチャーがあり、チンパンジーの行動や社会性について、面白い話が聞ける。

7日目
近隣の村を訪問。村人との交流や周辺の散策を楽しむ。村の人々とふれあうことで、豊かな森や、その自然と共存する周辺住民との関わり、エコツーリズムについても学ぶ。

8～10日目
午前にカリンズを発ち、カンパラへ戻ってホテルに宿泊。翌日の午前中は市内観光し、夕方エンテベ国際空港を出発する。ドバイで乗り継ぎ、翌日の夕方に日本に到着。

【ツアー催行会社】道祖神 ➡ P.250
上記は催行されているツアーの一例です。内容は変更される場合があります。

▶ 19 **Chobe National Park** Botswana
チョベ国立公園 ボツワナ

豊かな水をたたえた川の岸辺は
乾いた時季だけの野生動物の楽園

AFRICA
アフリカ

渇きを癒しに水辺へやってくるアフリカゾウたちの群れ。陸上だけではなく、ボートで川の上から眺めてじっくりとその生態を観察したい

感動体験

**狙った獲物は必ず仕留める
アフリカのハンティング・ドッグ**

絶滅危惧種でなかなか会えないといわれるリカオンの集団を目撃しました。追い込み粘り強く待ち続けるハンティング・スタイル。陸にいる幼いクドゥと川に逃げた母親のクドゥの両方に狙いを定め、長時間待ち続けていましたが、結局、陸のクドゥを捕らえ、分け合って食べてしまいました。狙った獲物は絶対に逃がしません。

道祖神●紙田 恭子さん

	1	
2	3	5
	4	

1 チョベ国立公園のゾウは、すべてのゾウのなかで最も体格が大きいカラハリゾウという種類で、公園内に約1万頭が生息すると推定されている。移住性で、乾季には川の周辺に集まるが、雨季になると川から離れた塩低地(パン)へと散らばっていく。その移動距離は最大約200kmともいわれる

2 どう猛なハンターとして名高いリカオン。数頭〜数十頭の群れで協力して獲物を追い込む。生息数が激減しているので、なかなか出会えない

3 巨大なワニは水辺のほか、陸上で日光浴している姿も見かける

4 オスだけに生えるらせん状の長い角が特徴のクドゥ。木の葉を主食とし、濃い藪の中やその周辺にいることが多い

5 ヒョウは公園内でもとくに遭遇するのが難しい動物。夜行性なので、早朝のサファリツアーに参加すると比較的出会える確率が高い

Chobe National Park Botswana

AFRICA アフリカ

ゾウの生息密度はアフリカでも随一
Chobe National Park
チョベ国立公園 ▶ ボツワナ

ココで会える動物たち
アフリカゾウ(カラハリゾウ)●バッファロー●カバ●ワニ●クドゥ●セーブルアンテロープ●インパラ●ライオン●ハイエナ●ヒョウ●チーター●リカオン●サーバルなど

BOTSWANA

ボツワナ北部にある広大な自然公園で、面積は約1万1000km²と同国でも2番目を誇る。公園はナミビアとの国境を流れるチョベ川に近い「リバーフロント」と、南西部の「サブティ地区」に大きく分けられるが、一般に旅行客が訪れることが多いのは前者。ここはアフリカゾウの数が多いことで知られ、時季さえ外さなければ、草原を悠々と闊歩したり、川で群れをなして水浴びしたりする姿を簡単に見ることができる。そのほかにも、バッファローやワニ、カバ、そして運が良ければヒョウやライオンに出会えることもある。陸上でのサファリドライブ以外に、チョベ川のボートクルーズも人気で、水上で動物たちの間近に迫ることができる。拠点となる街・カサネは公園にほど近く、日帰りで参加できるツアーが多いのも魅力的だ。

おすすめの旅行シーズン
7～10月の乾季
公園内の水たまりがほとんど干上がる乾季には、飲み水を求めてゾウをはじめとした動物の群れがチョベ川沿いに集まる。逆に雨季は川岸に動物の姿はまばらなので避けたい。

1	2	3	4	5	6	7	8	9	10	11	12
雨季						乾季					

COLUMN
ヴィクトリア・フォールズ *Victoria Falls*
ザンベジ川の中流、ジンバブエとザンビアの国境にある世界遺産の滝。幅約1700m、落差約110mのスケールから世界三大瀑布とも称される。カサネから東へ85kmほどの距離。

雨季にはあまりの水量の多さから、立ち上る水煙で滝が隠れてしまうこともある

TOUR INFORMATION

旅の予算 34万円
旅の日程 6泊9日

アクセス & フライト時間
22時間～
日本から約20時間、香港、ヨハネスブルグで乗り継いで、カサネまで約2時間。

日本からの直行便はないので、香港で乗り換え、南アフリカのヨハネスブルグ国際空港まで行き、さらにヴィクトリア・フォールズ空港へ(乗り継ぎ時間を入れると26時間程度)。チョベ国立公園・セドゥドゥゲートまで車で約1.5時間。

モデルプラン
サファリと大瀑布、喜望峰へ
メインとなるチョベ国立公園でのサファリ体験のほか、世界遺産に登録されている名瀑・ヴィクトリア・フォールズと、人気の観光都市でアフリカ有数の都会であるケープタウンを訪れる。各所で2泊して魅力をじっくり感じたい。

1日目 夕方に日本を発ち、香港で飛行機を乗り継いで南アフリカのヨハネスブルグへ向かう。

2-3日目 2日目早朝にヨハネスブルグに到着。さらに飛行機を乗り継ぎ、昼にジンバブエのヴィクトリア・フォールズ着。2日目午後は滝の観光を楽しむ。3日目はヘリコプター遊覧飛行やクルーズなどのオプショナルツアーに参加してもいい。

4-5日目 4日目は朝から車でチョベ国立公園へ向けて移動し、昼頃到着。4日目午後と5日目はサファリドライブやボートクルーズで動物たちを探しに出かける。水上での動物観察はチョベ国立公園ならではの楽しみなので、ぜひ参加したい。

6-7日目 6日目はケープタウンへの移動日。飛行機でヨハネスブルグを経由して、夕方到着する。7日目はバスに乗って周辺を観光。喜望峰や植物園のほか、ケープペンギンの群れが生息するボルダーズ・ビーチなどを訪れる。

8日目 ケープタウンを出発し、帰途につく。ヨハネスブルグで乗り継ぎ、香港へ向かう。

9日目 香港で飛行機を乗り継ぎ、日本へ向かう。日本への到着は午後か夜。

【ツアー催行会社】**道祖神** ➡ P.250
上記は催行されているツアーの一例です。内容は変更される場合があります。

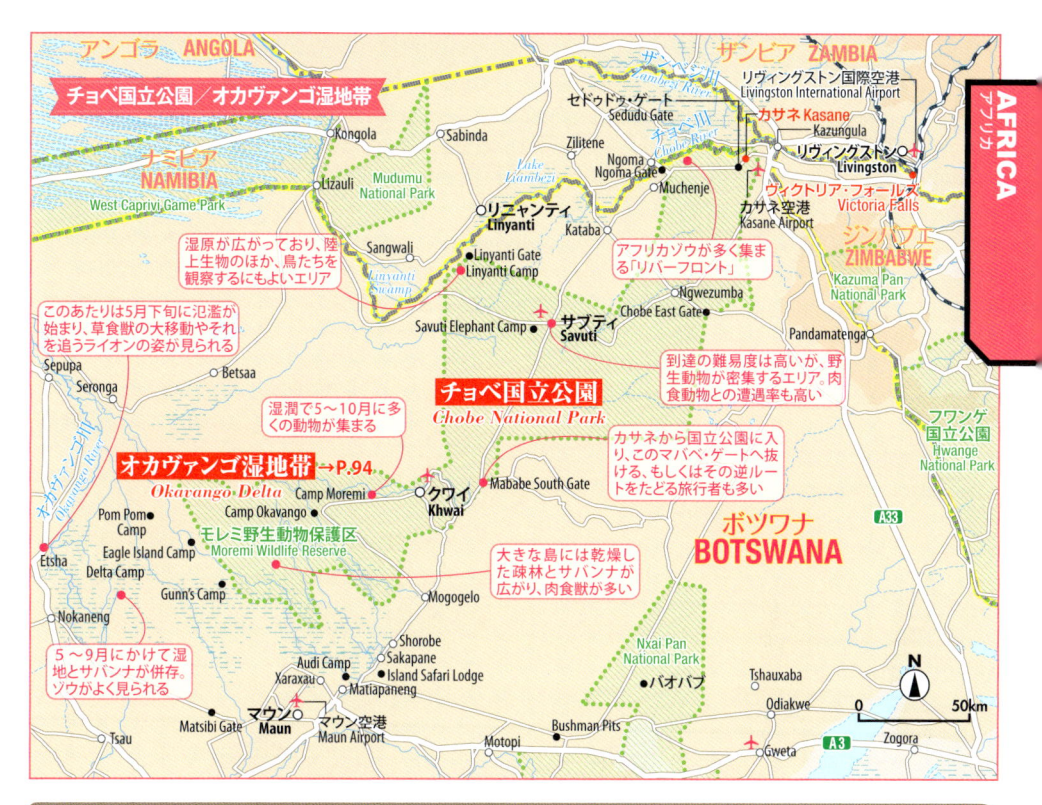

チョベ国立公園／オカヴァンゴ湿地帯

ANGOLA アンゴラ
ZAMBIA ザンビア
NAMIBIA ナミビア
BOTSWANA ボツワナ
ZIMBABWE ジンバブエ
AFRICA アフリカ

地図上の主な地名・施設：
- Kongola、Sabinda
- セドゥドゥ・ゲート／Sedudu Gate
- リヴィングストン国際空港／Livingston International Airport
- カサネ／Kasane、Kazungula
- リヴィングストン／Livingston
- Lizauli、Mudumu National Park
- West Caprivi Game Park
- Ngoma、Ngoma Gate、Muchenje
- カサネ空港／Kasane Airport
- ヴィクトリア・フォールズ／Victoria Falls
- リニャンティ／Linyanti、Kataba
- Sangwali、Linyanti Gate、Linyanti Camp
- Ngwezumba
- Kazuma Pan National Park
- Savuti Elephant Camp、サブティ／Savuti
- Chobe East Gate、Pandamatenga
- Sepupa、Seronga、Betsaa
- チョベ国立公園／Chobe National Park
- フワンゲ国立公園／Hwange National Park
- オカヴァンゴ湿地帯／Okavango Delta →P.94
- Camp Moremi、クワイ／Khwai、Mababe South Gate
- Pom Pom Camp、Camp Okavango
- モレミ野生動物保護区／Moremi Wildlife Reserve
- Etsha、Eagle Island Camp、Delta Camp
- Gunn's Camp、Nokaneng、Mogogelo
- Shorobe、Sakapane、Audi Camp、Xaraxau
- Island Safari Lodge、Matiapaneng
- Nxai Pan National Park、バオバブ
- Tshauxaba、Odiakwe、Zogora
- マウン／Maun、Matsibi Gate、マウン空港／Maun Airport
- Bushman Pits、Motopi、Gweta
- Tsau

吹き出しコメント：
- 湿原が広がっており、陸上生物のほか、鳥たちを観察するにもよいエリア
- このあたりは5月下旬に氾濫が始まり、草食獣の大移動やそれを追うライオンの姿が見られる
- アフリカゾウが多く集まる「リバーフロント」
- 到達の難易度は高いが、野生動物が密集するエリア。肉食動物との遭遇率も高い
- 湿潤で5〜10月に多くの動物が集まる
- カサネから国立公園に入り、このマババ・ゲートへ抜ける、もしくはその逆ルートをたどる旅行者も多い
- 大きな島には乾燥した疎林とサバンナが広がり、肉食獣が多い
- 5〜9月にかけて湿地とサバンナが併存。ゾウがよく見られる

50km

動物図鑑　絶滅危惧種　AFRICA

オカピ　Okapi
分布：アフリカ大陸
キリン科　オカピ属

1901年に発見された世界三大珍獣のひとつ。体長約200cm、体重210〜300kg。四肢に白色の横縞がある。食性は植物食。

カバ　Hippopotamus
分布：アフリカ大陸
カバ科　カバ属

体長350〜400cm、体重1.2〜3.5t。1日35kgほどの草を食べる。のんびりしているように見えるが、出産前後のメスは気性が荒く、死亡事故も多く発生している。

ハシビロコウ　Shoebill
分布：アフリカ大陸
ハシビロコウ科　ハシビロコウ属

ときには数時間も動かない大型鳥類として知られる。全長は約120cmあり、好物はハイギョ。絶滅危惧II類に指定。

Encyclopedia

20 Okavango Delta　Botswana
オカヴァンゴ湿地帯　ボツワナ　MAP P.93

野生動物の楽園をつくった恵みの水
カヌーでの出会いで奇跡を確かめよう

AFRICA
アフリカ

カヌー上から眺めるスプリングボックの群れ。水と食料に恵まれたこの地にはさまざまな草食動物が集まり、大規模な群れが頻繁に見かけられる

	1	
2	3	
4		

1 ゾウが茂みから姿を現す。動物相の豊富なオカヴァンゴには、大型動物も多数生息する
2 クラハシコウはサイケデリックな色彩のくちばしが特徴。湿原を歩いたり大空を旋回する姿は印象深い
3 丸太をくりぬいた伝統的なカヌー、モコロはガイドが棒1本で自在に操り、滑るように水面を走る
4 水に入るスプリングボック。貴重な水場で野生動物たちが生気に満ちあふれるさまは、まさに楽園

感動体験

漆黒の闇夜に響き渡る野獣の声に緊張感の走る眠れぬ一夜

夜になるとウーッウーッと低いうなり声。「今の声何？」「ライオンだよ」。こちらはテントの中。夜の闇に漂うあまりの緊張感におちおち寝てもいられませんでした。そのうち始まった野生対決。ケオーン！バサバサッ。ガサッ。多種多様な野生動物がいる気配を、音からだけ感じる夜はまるでジュラシックパーク。聴覚が冴え渡りました。

フォトエッセイスト●白川 由紀さん

水と緑と野生動物が織りなす奇跡の楽園

Okavango Delta
オカヴァンゴ湿地帯 ▶ ボツワナ

AFRICA アフリカ / BOTSWANA

ココで会える動物たち
スプリングボック●スタインボック●キリン●インパラ
ゾウ●ハイエナ●リカオン●ライオン●チーター
バッファロー●ヒョウ●カバ●ワニ●480種以上の鳥など

2014年にユネスコ世界文化遺産に登録された巨大な内陸湿地帯で、氾濫期には2万2000km²以上に及ぶ。雨季に1000km以上離れたアンゴラの上流に降り注いだ雨が、海に届かずカラハリ砂漠のなかに消えるオカヴァンゴ川をゆっくりと流れ、半年かけて雨季の終わる頃に一帯に届く。あたりは豊かな水で覆われ、多くの動植物の生命がはぐくまれるため「カラハリの宝石」と呼ばれている。130種の哺乳類など多種多様な野生動物が見られ、スプリングボックなど草食動物の大規模な群れ、ライオンやチーター、ヒョウなどの肉食動物、ゾウやカバなどの大型動物と枚挙にいとまがない。とくにここならではのモコロ（カヌー）での散策は、水上を音も立てず軽やかに進む感触と、水辺に集う野生動物のいきいきとした姿が楽しめる。

おすすめの旅行シーズン
5～10月の乾季

湿地帯に水が流れ込み、氾濫期となる乾季は、動物が河畔や浅い湿地の周りに集中するため観察しやすく最適。雨季は渡り鳥たちが帰ってくるので、バードウォッチングに向く。

1	2	3	4	5	6	7	8	9	10	11	12
雨季				乾季						雨季	

COLUMN Moremi Wildlife Reserve
モレミ野生動物保護区

オカヴァンゴ湿地帯の東側に4800km²以上広がる、アフリカ有数の美しい野生動物保護区。湿地帯の20%を区内に含み、数多くの野生動物によるダイナミックな世界が垣間見られる。

区内の陸地は30%ほど。水面に浮かぶ蓮の花や葉の間を進むモコロから見る水辺は情緒的だ

TOUR INFORMATION

旅の予算 86万円
旅の日程 7泊10日

アクセス & フライト時間
22時間〜
日本から約20時間、香港、ヨハネスブルグで乗り継いで、マウンまで約2時間。

日本からの直行便はないので、香港で乗り換え、南アフリカのヨハネスブルグ国際空港まで行き、さらにマウン空港へ（乗り継ぎ時間を入れると25時間程度）。各ロッジまでは小型飛行機で30分から1時間程度。モレミ野生動物保護区へは車で3時間。

モデルプラン
ロッジを拠点に巡る多彩なサファリ

2ヵ所にそれぞれ3泊。自然に囲まれた部屋数の少ないロッジを拠点にするので、ゆったり静かで落ち着いたサファリが楽しめる。陸地、水辺のさまざまな動物の競演は必見。

1-2日目 夕方、日本を出発し香港で飛行機を乗り換えて機内泊。2日目早朝のヨハネスブルグ着後、再度乗り換えて昼にマウン着。国内線に乗り換えてオカヴァンゴ湿地帯に到着。

3-4日目 2～4日目夜はオカヴァンゴのロッジに宿泊。滞在中は車でのサファリ、ボートサファリ、モコロでの散策などバラエティに富んだサファリを楽しみたい。とくに水が豊富な湿地帯ならではの水辺の動物は魅力的。

5-7日目 5日目はオカヴァンゴから小型飛行機でサブティかリンヤンティのロッジへ移動。着後からサファリを再開できる。サブティ、またはリンヤンティに3泊して8日目の朝まで滞在。車でのサファリのほか、ウォーキングサファリ、ナイトサファリ、バードウォッチングなどが楽しめる。

8-10日目 8日目は小型飛行機でマウン空港に戻り、国際線に乗り換えてヨハネスブルグへ。空港隣接のホテルに宿泊。9日目にヨハネスブルグから香港へ発ち、機内泊。10日の香港着後、飛行機を乗り換えて日本へ。午後または夜、日本に到着。

【ツアー催行会社】道祖神 ➡ P.250
上記は催行されているツアーの一例です。内容は変更される場合があります。

21 Berenty Reserve　Madagascar
ベレンティ自然保護区　マダガスカル

マダガスカル固有の野生動物の宝庫
太古の自然が残るキツネザルの楽園

AFRICA アフリカ

白と黒の縞模様の尾が特徴のワオキツネザル。社会性が強く、オス、メス、子どもからなる15頭ほどの群れで行動する

感動体験

夜の森に現れる夜行性サルとにらめっこ

ガイドさんの案内でナイトサファリへ。暗闇から誰かに見つめられているような気がして、その方向へ目を向けてみると小さな夜行性のサルが大きな目をギラつかせて私を凝視しています。ライトを照らしても緊張して固まってしまうのかまったく逃げないのでしばらく見つめ合うことに。野生の目ヂカラは強烈で、結果、私の負けとなってしまいました。

道祖神●紙田 恭子さん

1		
2	3	4

1 縞模様の尾をピンと立てて歩く姿がユニークなワオキツネザル
2 3 4 地面を横に跳ぶように移動する、横っ跳びで有名なベローシファカ。本来は木から木へ飛び移るためのジャンプだったが、森林伐採で森が減少し地上に下りざるを得なくなったことから、現在の横っ跳びが生まれた。ユニークなジャンプ姿はCMに採用されたことでも有名

マダガスカル島

マダガスカル MADAGASCAR

- 世界遺産のアツィナナナの雨林群は複数の国立公園にまたがっている
- マロジェジ国立公園 Marojeji National Park
- マソアラ国立公園 Masoala National Park
- マダガスカルの首都。標高1400mの高原の街
- ツィンギ・デ・ベマラ厳正自然保護区 Tsingy de Bemaraha Strict Nature Reserve
- アンブヒマンガの丘の王領地 Royal Hill of Anbohimanga
- バオバブ並木道やキリンディ森林保護区を観光する際の拠点となる街
- アンタナナリボからトゥリアラまで、約1000kmに及ぶルート7の通称
- キリンディ森林保護区 Kirindy Forest Reserve
- 世界最小の霊長類、ピグミーネズミキツネザルが生息していることで有名
- アンドアエラ国立公園 Andohahela National Park
- ベレンティ自然保護区への玄関口。旧名はフォール・ドーファン

ベレンティ自然保護区 Berenty Reserve

- マダガスカル島の固有種動物が多く生息し、ここでもキツネザルやベローシファカに会える
- アンドアエラ国立公園 Andohahela National Park

拡大図左

6種類のキツネザルを至近距離で観賞する

Berenty Reserve
ベレンティ自然保護区 ▶ マダガスカル

AFRICA アフリカ

MADAGASCAR

ココで会える動物たち
ワオキツネザル●ベローシファカ●アカビタイチャイロキツネザル
シロアシイタチキツネザル●ハイイロネズミキツネザル
レディッシュグレイネズミキツネザルなど

「地殻変動の忘れ物」と呼ばれるマダガスカル島。生息する生き物の3分の2が固有種といわれており、自然保護区も数多く存在している。そのなかでも有名なのが、キツネザルが生息するベレンティ自然保護区。1936年にサイザル麻農園主のアンリ・デ・ホルム氏によって設立され、当初は研究者のみに開放されていたが、1980年代に一般の観光客にも開放されるようになった。「横っ飛び」で有名なベローシファカをはじめとする6種類のキツネザル、83種の鳥類、カメレオンをはじめとする26種類の爬虫類など、約100種類の生き物が間近で観賞できる。ガイドと一緒に保護区内を探索するウォーキングサファリも豊富で、夜行性のシロアシイタチキツネザルなどは、ナイトサファリで見ることができる。

おすすめの旅行シーズン
4～10月の乾季

乾季がベストシーズン。とくに、8～10月のキツネザルの出産、子育てシーズンがオススメ。朝晩は冷え込むので、セーターや軽い上着を用意するとよい。

1	2	3	4	5	6	7	8	9	10	11	12
雨季	雨季	雨季	乾季	乾季	乾季	乾季	乾季	乾季	乾季	雨季	雨季

COLUMN
バオバブ並木道を歩いてみたい

西海岸の都市モロンダバの郊外には、バオバブ並木道がある。神様が逆さに植えた木、アップダウンツリーともいわれるユニークなその形をぜひ見てみよう。

児童文学『星の王子さま』では星を破壊する木として登場するバオバブの木。現地では「宝の木」と呼ばれ親しまれている

TOUR INFORMATION

旅の予算　53万円
旅の日程　6泊8日

アクセス & フライト時間
23時間～　日本から約5時間、香港で乗り継いで、アンタナナリボまで約18時間。

日本からの直行便はないのでバンコクで乗り継ぎ、ヨハネスブルグ経由で、マダガスカルのアンタナナリボ空港へ。国内線で1時間、トラニャロ空港へ。ベレンティ自然保護区までは車で3時間。

モデルプラン
2つの保護区を巡り固有種を観察

アンタナナリボを拠点として、ベレンティ自然保護区とキリンディ森林保護区で稀少生物を観察。合間には、バオバブ並木道を訪れ、夕日に染まるバオバブの木を観賞する。

1日目　午前中に日本を出発。バンコクで乗り換え、深夜にアンタナナリボに到着。空港近くのホテルに泊まる。

2日目　国内線で2時間、トラニャロに到着。車で3時間、ベレンティ自然保護区に到着。保護区内のロッジに宿泊する。

3日目　ベレンティ自然保護区内を終日散策。キツネザルをはじめとする、多種多様な生き物を観察する。夜はナイトサファリに参加し、夜行性の生き物や夜の森を楽しむ。

4日目　午前中、車でトラニャロまで戻り、国内線でアンタナナリボへ。ホテルで1泊する。

5日目　早朝、国内線でモロンダバに移動。到着後、カヌーに乗って水辺を散策。午後はバオバブ並木道で夕日に染まるバオバブの木を観賞する。

6日目　終日、キリンディ森林保護区を散策。キツネザルなど稀少生物を観察。モロンダバで1泊する。

7-8日目　午前中、国内線でモロンダバからアンタナナリボへ戻る。国際線に乗り換え、バンコクへ。翌日早朝、バンコク到着。乗り換えて、午後に日本に到着する。

【ツアー催行会社】道祖神　➡P.250
上記は催行されているツアーの一例です。内容は変更される場合があります。

ANIMAL ENCOUNTERS
動物たちとハグ!!

コアラを抱っこして記念写真!!
オーストラリアに来たら絶対体験したいコアラの抱っこ。
動かずそっと抱っこしてあげよう。

22 Lone Pine Koala Sanctuary
ローン・パイン・コアラ・サンクチュアリ　オーストラリア

1927年オープン。世界最大規模にして世界で最も古いコアラ保護区で、現在、130頭以上のコアラをはじめ、カンガルーやディンゴ、カモノハシなど、80種類以上にも及ぶオーストラリア固有の動物たちが暮らしている。また、動物たちと直接ふれあえる機会が多く設けられているのも特徴で、キビキビと働く牧羊犬のショーや、タカ、ワシ、フクロウといった猛禽類のショー、カンガルーやワラビー、野生のロリキートへの餌づけなど、貴重な体験が可能。なかでも、フワフワとキュートなコアラを抱いての記念撮影は、一番人気のプログラムだ。

DATA
ローン・パイン・コアラ・サンクチュアリ　MAP P.188
☎ +61-7-3378-1366　所 708 Jesmond Rd., Fig Tree Pocket, Queensland 4069 Australia　交 ブリスベン市内からバスで20分　開 9:00（4月25日13:30）〜17:00、（クリスマスは〜16:00）　休 無休　料 A$33、子供（3〜13歳）A$22、シニア（65歳以上、パスポート持参）A$24
URL koala.net/

オーストラリア旅行の記念に、一緒に写真はいかが？

> オーストラリアを代表する動物たちとふれあえる。おっとりとした性格のコアラと記念撮影

AUSTRALIA

動物とふれあうプログラム
ANIMAL ENCOUNTERS

カンガルーに直接触れるチャンス

カンガルーにエサやり
Feeding the Kangaroo

放し飼いにされている100頭以上のカンガルーやワラビー、エミューに手からエサをあげることも可能。動物たちの健康のため、エサは園内の売店で専用のものを購入する。オーストラリアならではの体験を、ぜひ試してみよう。カンガルーたちは人なつっこいので、恐れる必要はない。

> 手のひらにエサを載せてワラビーに差し出すと、手を押さえ、モグモグとおいしそうに食べる

TOUR INFORMATION

旅の予算
15万円～

旅の日程
3泊4日～

アクセス & フライト時間
ブリスベンへ 13時間～

クイーンズランド州の州都であるブリスベンへ向かうには、日本からはシンガポールなどを経由する必要があり、乗り換え時間含めると約16時間ほどかかる。ブリスベン市内からローン・パイン・コアラ・サンクチュアリまでは車で約20分ほど。レンタカーのほか、現地ツアーに参加する方法もある。

モデルプラン
思う存分動物たちとふれあう

ローン・パイン・コアラ・サンクチュアリに最も近い街はブリスベンだが、バカンスで訪れるならゴールドコーストに拠点を置くのもいい。ビーチや買物など多彩なアクティビティが楽しめる。

ツアー情報
ブリスベン市内からローン・パイン・コアラ・サンクチュアリまではバスもあり、タクシーでも$30～40程度。個人で訪れるのも難しくはないが、市内からの送迎と入園がセットになったツアーもあり便利。街を一望する高台、マウント・クーサにも立ち寄る半日ツアーは大人$102、子ども$79。コアラを抱いて記念写真を撮る費用などは別途必要。
【ツアー催行会社】Gray Line ➡P.251

おすすめの旅行シーズン
6～8月の冬

晩春～秋の11～5月は雨季となり、湿度が高く過ごしにくい。なかでも1～3月は最も雨が降る。冬は晴天の日が多く、快適な天候が続く。朝や夜は冷えるので、上着は忘れずに。

1	2	3	4	5	6	7	8	9	10	11	12
夏		秋			冬			春			夏

ANIMAL ENCOUNTERS 動物たちとハグ!!

羊たちにエサやり体験

美しい自然に恵まれた農場で、のんびりとくつろいだ時間を過ごす。
英国の伝統を引き継ぐニュージーランドならではの牧場体験だ。

23 Walter Peak High Country Farm
ウォルター・ピーク高原牧場　ニュージーランド

　まるで絵はがきのように美しいと讃えられるワカティプ湖。その南西岸に位置するのどかな牧場で、羊や鹿にエサをあげ、間近に牛を眺めるなど、リラックスした豊かな時間を満喫する。羊の毛を刈る様子を見学したり、牧羊犬の活躍を目の当たりにしたりと、ニュージーランドの牧場の日常が垣間見られるのも楽しい。さらに、ファーム自家製のスコーンやケーキが味わえるアフタヌーンティーも好評。ミルクや生クリーム、チーズをたっぷり使った焼きたてのパンやお菓子は、つい食べ過ぎてしまうほどのおいしさだ。

DATA
ウォルター・ピーク高原牧場　MAP P.189
☎ +63-3-442-7500　所 Lake Wakatipu, Real Journeys Visitor Centre, Queenstown 9300, New Zealand　交 クイーンズタウンから蒸気船アーンスロー号で約40分
休 無休　料 NZ$75　URL realjourneys.co.nz/en

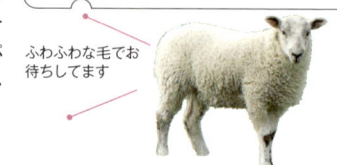

ふわふわな毛でお待ちしてます

NEW ZEALAND

ニュージーランドの自然を感じられる牧場。湖を渡ると、のびのびと過ごす羊や鹿たちに会える

TOUR INFORMATION

旅の予算
20万円～

旅の日程
4泊5日～

アクセス & フライト時間
クイーンズタウンへ 12時間～

日本からオークランドまで約10時間。国内線に乗り換え、クイーンズタウンへ。約2時間で到着する。ウォルター・ピーク高原牧場までは、リアル・ジャーニーズの蒸気船TSSに乗り、ワカティプ湖を40分のクルーズで楽しんだら到着。蒸気船は年中無休で毎日運航している。

モデルプラン
自然に親しみアクティブに過ごす

旅の拠点となるクイーンズタウン周辺はアクティビティの宝庫。ラフティングやバンジージャンプ、ハイキングなどが楽しめる。大自然のなかで思う存分体を動かすのが、この旅の醍醐味。

ツアー情報

運航開始から100年以上が経つという蒸気船、アーンスロー号でワカティプ湖を渡り、ウォルター・ピーク高原牧場にアクセス。牧場でのアフタヌーンティーまたはBBQ、羊の毛刈りショー、初心者でも体験できる、豊かなニュージーランドの景色を望みながら乗馬などを楽しめる半日ツアーが人気を集めている。食事の質が高く、スコーンやケーキなどのデザートも食べられる。

おすすめの旅行シーズン
12～2月の夏

通年楽しめるが、現地の夏にあたる12～2月は、雨も少なく快適。冬は雪の降る日が多いが、スキーなどには最高の環境となる。日没後は夏でも涼しく、冬の日中は暑い日もあるので服装の準備は万全に。

1	2	3	4	5	6	7	8	9	10	11	12
夏		秋			冬			春			夏

ANIMAL ENCOUNTERS 動物たちとハグ!!

動物とふれあうプログラム
ANIMAL ENCOUNTERS

モコモコのフォルムとやさしい瞳にメロメロ

羊にエサやり
Feeding the Sheep

減少傾向にあるとはいえ、人口よりもはるかに多い羊がいるというニュージーランドで、ファーマー気分を味わう。羊たちは皆フレンドリー。手から直接エサを食べる様子がかわいらしい。羊だけでなく、鹿やバッファローなどにもあげることができる。子どもから大人まで楽しめる。

羊たちはおとなしく、ツーリストにも慣れているので子どもでも安心して体験できる

105

ゾウに揺られてのんびり散歩

巨大なゾウの背中に乗ってみたい、誰もが一度はそう思ったことがあるはず。ゾウと関わりが深い国タイでそれを実現しよう!!

24 Ruammit
ルミット村　タイ　MAP P.221

　ミャンマー、ラオスとの国境近く、タイ最北部に位置する街チェンライ。その街なかに流れるメーコック川をボートで1時間、ルミット村に到着する。この村にはタイ山岳民族のうち最大の人口を誇るカレン族が暮らしている。カレン族は現在のミャンマー東部を起源とする民族で、ゾウ使いの名手。昔から野生のゾウを捕獲、調教して木材の運搬や見世物に使ってきた。今は木材を運ぶ仕事はトラックなどが担うようになり、ゾウはもっぱら観光業に使われている。村には数十頭ものゾウがいて、このゾウたちとふれあうために多くの観光客が訪れる。

ゾウの背中に乗って村の中を散策してみよう

ゆっさゆっさとメーコック川を渡るのはスリル満点!

THAILAND

ゾウに乗ってゆったりさんぽ。歩いている途中、ゾウはバナナなどの果物をつまみ食いすることも

TOUR INFORMATION

旅の予算
15万円〜

旅の日程
4泊5日〜

アクセス & フライト時間
チェンライへ 10時間〜
日本からはタイの首都、バンコクまで約7時間、そこから国内線に乗り継ぎチェンライへ向かう。乗り換え時間含め約10時間はみておきたい。そこからメーコック川を約1時間かけてボートでゆったりと流れる時間を楽しみながら、山岳民族が住むルミット村へと到着する。

モデルプラン
山岳民族を訪ねるプラン
タイ北部の街を1週間ほどで旅する。まずはチェンライまで行き、そこから山岳地帯へ。2日間でヤオ族、カレン族など山岳民族の村を見てまわる。そのあとはチェンマイ市内や周辺部を観光して過ごす。

ツアー情報
タイ第二の都市、チェンマイからのオプショナルツアーには次のようなものがある。1つはゴールデントライアングル観光ツアー。ゴールデントライアングルとは、タイ・ラオス・ミャンマーの国境がメコン川で接する有名な山岳地帯だ。ほかには金色に輝く仏塔が美しいドイ・ステープ山頂寺院とチェンマイ市内観光が楽しめるツアーなど。どちらも1日でまわれる行程なので気軽に参加することができる。

おすすめの旅行シーズン
11〜2月の乾季
この時期は雨がほとんど降らず、天気が良い。気温も快適なので観光にぴったりだ。チェンライでは花々が満開となるシーズンでもある。ただ、朝夕の気温差が激しい日もあるので注意が必要だ。

1	2	3	4	5	6	7	8	9	10	11	12
乾季				暑季			雨季			乾季	

ANIMAL ENCOUNTERS 動物たちとハグ!!

動物とふれあうプログラム
ANIMAL ENCOUNTERS

ゾウに乗ってカレン族の村の中を見て歩こう

エレファント・トレッキング
Elephant Trekking

この村を訪れたら絶対体験しておきたいゾウ乗りツアー。調教され、人にも慣れたゾウが観光客を背中に乗せて村の中を闊歩する。一歩進むごとに感じる大きな揺れや、高い背中から見える景色を満喫しよう。

所 Chiang Rai Ruammit
交 チェンライからモーターボートで1時間ほど

村内でカレン族の素朴な暮らしを見たあと、川に出て水の中を歩く。変化のあるコースが楽しい

107

ラクダに乗って砂漠を行く

まるでキャラバンのようなラクダの列は歌や絵画の風景そのもの。
のんびりとした足取りに揺られながらサハラ砂漠を眺める。

25 Merzouga
メルズーガ モロッコ ★ MAP P.34

アトラス山脈を越えたモロッコ南部は荒涼とした土漠とオアシスの世界。アルジェリアとの国境に近い南東部、広大な土漠の彼方に現れる赤くなだらかな砂丘がシェビ砂丘だ。モロッコのなかでも規模、美しさにおいて最上級を誇り、近隣の小さな村・メルズーガの大砂丘としても知られている。ここを訪れる旅人はベルベル人が操るラクダに乗って、無限に続くかのように見える大砂丘の一端を歩くのが定番コース。ベルベル式テントに泊まって、夕日に染まる砂丘、夕闇に響く太鼓のリズム、満天の星空を楽しむのも忘れずに。

ここの砂は粒子がとても細かくてサラサラ

長いまつげや閉じる鼻の穴は砂塵対策として進化したもの

ラクダはヒトコブラクダとフタコブラクダの2種類。モロッコでは、ヒトコブラクダのみ会える

★ MOROCCO

TOUR INFORMATION

旅の予算
21万円〜

旅の日程
4泊6日〜

アクセス & フライト時間
カサブランカへ 16時間〜

日本からの直行便はなく、ヨーロッパ各地もしくはドバイ、ドーハで乗り換え。乗り換え地によりフライト時間は変わるが、待ち時間を含めて所要約20時間ほど。夜日本発、翌昼にカサブランカ着がスムーズ。ヨーロッパからはモロッコ行のLCCが多く就航しており、直接マラケシュにも行ける。

モデルプラン
ぐるっと一周モロッコをまわる

パッケージツアーならカサブランカからマラケシュ、ワルザザード、メルズーガ、フェズと有名都市をつなぎ、合間に小さな街にも寄りながらカサブランカに戻る。日本人には青の街・シャウエンも人気。

ツアー情報

大きく分けて3つのツアーがあり、初心者向けは航空券やホテルが付くパッケージツアー(ラクダ体験は別料金のことが多い)。2つ目はマラケシュ(またはワルザザード)発1泊2日か2泊3日の現地ツアー。マラケシュには現地ツアー会社も多く料金も手ごろ。日本の旅行会社だと安心を担保する分、値段が高い。3つ目はメルズーガまで自力で訪れ、宿主催のツアーなどを利用する。費用は抑えられるが上級者向け。

おすすめの旅行シーズン
一年中

通年楽しめるが、砂漠は寒暖の差が激しく、とくに夏は日中外に出ることができないほど暑く、冬は日本と同じくらい冷えるので要注意。雨季はあっても沿岸部は降るが、内陸の砂漠ではあまり降らない。

1	2	3	4	5	6	7	8	9	10	11	12
雨季						乾季					雨季

ANIMAL ENCOUNTERS 動物たちとハグ!!

動物とふれあうプログラム
ANIMAL ENCOUNTERS

誰もが憧れる「砂漠でラクダ」に感動する

サハラ砂漠ラクダ乗り体験
Camel Trekking in the Sahara Desert

ラクダ使いのベルベル人の案内で、麓の村から1〜2時間かけて砂丘を訪れ、夕日または朝日を観賞するロングコースと、砂丘そばのラクダステーションから片道20分ほどで到着するショートコースも人気。スケジュールに合わせて。

ラクダはおとなしく我慢強い動物だが歩き方にクセがあるので乗り心地はあまりよくないそう

ライオンとふれあえる!!

園内すべての動物に触ることができる、世界でも数少ない動物園。
動物好きが憧れる"世界一危険な動物園"のひと味違う楽しみ方。

26 Lujan Zoo
ルハン動物園　アルゼンチン

　アルゼンチンの首都ブエノスアイレスから西へ約80kmの場所にある動物園。1994年に開園、広さ15haの敷地で動物を飼育している。ここは、野獣とふれあえる「世界一危険な動物園」として知られ、普段は檻の外からしか見ることのできない、ライオン、クマ、トラなどに触ることができる。動物の特性をきちんと把握した飼育方法を行なうことで、至近距離でのふれあいを可能にしているという。開園以来、けがによる大きな事故は一切ないとのことだが、近づく際は自己責任ということを忘れずに。

DATA
ルハン動物園　MAP P.139
☎ +54-2323-43-5738
所 Oeste Km 58, Lujan, Buenos Aires, Argentina
交 プラザ・イタリア駅からルハン行57番のバスで約2時間
開 9:00～日没　休 無休
料 30ペソ(休日や時期により変動あり)
URL zoolujan.com

2ショットの記念撮影はいかが?

夜行性のため昼間はおとなしいライオンとはいえ、実際目の前にすると撮影にも勇気が必要

ARGENTINE

動物とふれあうプログラム
ANIMAL ENCOUNTERS

赤ちゃんのかわいい姿を間近で見よう
ライオンの赤ちゃんと記念撮影
Commemorative Photo with Baby Lion

出産後の時期が合えば、生後3カ月を過ぎたライオンの赤ちゃんとふれあえる。入園料以外の料金はかからないが、週末になると来園者が増えるため、行列は覚悟しておこう。ほかにも、クマやゾウなど授乳期間を終えた赤ちゃんと会えるかも。

好奇心旺盛なライオンの赤ちゃん。目に入るものには何にでも興味を示すので、持ち物などに注意

TOUR INFORMATION

旅の予算 23万円～
旅の日程 5泊7日～

アクセス & フライト時間
ブエノスアイレスへ 24時間～
日本からドバイやトルコ、パリなどを経由してアルゼンチンの首都、ブエノスアイレスへ。乗り換え時間を含むと30時間前後かかるとみておこう。ブエノスアイレス市街からルハン動物園まではバスなどが出ており、所要時間約2時間。現地の各ホテルからもツアーを組んでいる場合もある。

モデルプラン
アルゼンチン定番の観光プランで
ブエノスアイレス滞在の前後に、世界遺産の「イグアスの滝」やパタゴニアの「ペリトモレノ氷河」を観光する定番プランが望ましい。ブエノスアイレス周辺にはルハン動物園のほか、美術館などの観光スポットも多く目的地に困ることはない。

ツアー情報
日本からのツアーはルンハ動物園に立ち寄ることがほとんどない。5泊から1週間程度のパッケージツアーに参加して、ブエノスアイレスを訪れ、自由時間に現地の日帰りツアーに申し込むことができる。開園に合わせたスケジュールであれば、夕方以降はゆっくりと過ごせる。ブエノスアイレス市内の観光スポットを巡るバスツアーなどと合わせてもよい。

おすすめの旅行シーズン
3～5月、9～11月
通年訪れることができる。ブエノスアイレスは日本と同様、春や秋が過ごしやすい。パタゴニアの氷河は夏、サッカー観戦やカーニバルなどの催しは冬がシーズンになるため、総合的な判断も必要となる。

1	2	3	4	5	6	7	8	9	10	11	12
夏		秋			冬			春			

ANIMAL ENCOUNTERS 動物たちとハグ!!

イルカと一緒に泳ぐ

かわいいイルカたちとスイミング。足の裏を押してくれる"フット・プッシュ"はスリルもあって大人気！記念写真も忘れずに。

27 Sea Life Park Hawaii
シーライフ・パーク・ハワイ　アメリカ

ハワイ、オアフ島の南東部にある一大マリンパーク。イルカをはじめ、アザラシやペンギン、アシカ、サメなど海を代表する生き物たちが、さまざまなパフォーマンスを繰り広げる。エイと泳いだり、アシカとキスしたり、ウミガメにエサをあげたり、動物たちとふれあえるメニューも盛りだくさん。なかでも人気なのが「ドルフィン・ロイヤル・スイム」。2頭のイルカたちの背びれを持って一緒に泳ぐ約30分のプログラムで、大人も子どもも大興奮の、夢のようなひとときが体験できる。

DATA
シーライフ・パーク・ハワイ　MAP P.114
☎ +1-808-259-7933　所 41-202 Kalanianaole Hwy. #7 Waimanalo, Hawaii 96795 USA
交 ワイキキから車で30分（送迎あり）
開 10:30（プログラムを申し込んだ場合9:30）～17:00　休 無休　料 $31
URL pacificresorts.com/hawaii/sealifepark/

バンドウイルカとクジラの混血、ウォルフィンに会いに行こう

> ドルフィン・エンカウンターではイルカと握手。愛嬌たっぷりのイルカがダンスを披露してくれる

HAWAII

ANIMAL ENCOUNTERS 動物たちとハグ!!

TOUR INFORMATION

旅の予算
17万円～

旅の日程
3泊5日～

アクセス & フライト時間

ホノルルへ 7時間30分～

日本からは直行便が出ており、出発時間は夜～深夜で、現地に到着するのは同日の午前中～昼頃となる。約7時間半～8時間ほどのフライトでホノルル国際空港へ到着。ホノルル行は毎日運航しており、便数も多めなのでアクセスは便利。飛行機でしっかり睡眠をとり、着いてすぐ遊べるのも魅力。

モデルプラン

シティリゾート＋大自然が楽しめる

ワイキキのあるオアフ島に滞在するツアーがハワイ旅行の定番。ホテルが集まるワイキキを拠点に、ハレイワやカイルアの街へ出かけたり、シーライフパークなどまで遠出してアクティビティを楽しんだり、洗練された南国リゾートを満喫する。

ツアー情報

日本からのツアーは、往復航空券と宿泊ホテルだけが決まっていて、滞在中は自由に過ごすというパターンがほとんど。期間は5～6日間が一般的だ。アクティビティ、ショッピングなど現地発着のツアーが充実しており、ワイキキからの送迎付も多いので活用するとよい。出発前に予約しておけば万全だが、ホテルのツアーデスクでも気軽に申し込むことができる。

おすすめの旅行シーズン

5～10月の乾季

ハワイは一年を通して比較的気候が安定しているので、一年中がオンシーズン。なかでも雨の少ない5～10月の乾季は、気温は高いが湿度が低くカラッとしており、南国らしい快適な気候となる。

1	2	3	4	5	6	7	8	9	10	11	12
雨季(冬)				乾季(夏)						雨季(冬)	

動物とふれあうプログラム
ANIMAL ENCOUNTERS

2頭のイルカと一緒に泳げる贅沢体験

ドルフィン・ロイヤル・スイム
Dolphin Royal Swim

2頭のイルカとキスしたり、背びれにつかまって泳ぐほか、イルカたちが後ろから足裏を押してくれてプールの中を走る「フット・プッシュ」など、たっぷりふれあえる人気のプログラム。

開 9:30、11:00、13:45、15:15
休 無休
料 $262（入場料込み、送迎付）
予約 パシフィックリゾート
☎ 0120-966123

> 一日に参加できる人数に限りがあるので、日本出発前、早めに予約しておきたい

北アメリカ
NORTH AMERICA

国立公園の先進国、アメリカに
野生生物保護や人間との共存を見る

バッドランズ国立公園 ➪ P.130

世界に先駆けて国立公園を制定

　アメリカ合衆国では、1872年に国立公園が誕生、1916年には国立公園実施法が制定され、連邦機関として国立公園局がアメリカにある57の国立公園を管理するようになった。目的は、景観、自然環境、歴史的遺産、それに野生生物の保護と保存。園内には宿泊施設、飲食店など必要最低限の施設しか許可されず、入場も有料だ。なかでもアラスカ州は野生生物の最後の楽園ともいわれ、自然保護区なども含めると州の面積の大半を国立公園が占めると言っても過言ではない。ブラックベアやブラウンベア、ムースは頻繁に見られる。カナダのハドソン湾沿岸のワプスク国立公園ではホッキョクグマが有名。アメリカ初の国立公園、イエローストーンではグリズリー、バイソン、ムース、オオカミなど、山々が美しいグランド・ティートン国立公園ではバイソン、エルク、プロングホーンなどが見られる。いずれも、北アメリカでしか見られない固有種が多い。

アメリカ
㉚ カトマイ国立公園・自然保護区　P.126
アンカレッジ
ジュノー
アラスカ湾
ドーソン・クリーク
プリンス・ジョージ
カルガリー
P.186 バンクーバー島 ㊺
バンクーバー
シアトル
ポートランド
ビュート
P.116 イエローストーン国立公園 ㉘
P.122 グランド・ティートン国立公園 ㉙
リノ
オークランド
サンフランシスコ
モントレー湾国立海洋自然保護区 ㊴
P.174
ラスベガス
ロサンゼルス
サンディエゴ
P.243 サンディエゴ動物園
トゥーソン
太平洋
P.112 シーライフ・パーク・ハワイ ㉗
ハワイ諸島

ワプスク国立公園 ➡ P.134

旅のアドバイス
冬は降雪があり、観察には不向き

アメリカの国立公園に入園あるいは滞在する場合は、入園料が必要。ビジターセンターもしくはそれに準ずる場所で支払う。料金は、車、自転車など、入園形態によっても異なる。国立公園内の宿泊施設を利用する場合は、入園の際に支払うこともある。公園内の宿泊施設は、ロッジ、キャンプ場などがあるが、早期の予約が必要。テレビ、パソコン、Wi-Fiなどは使えないところも多い。野生動物は間近で見られることは少なく、遠目に観察するのが一般的。双眼鏡、望遠カメラは必携。動物に襲われる可能性は非常に少ないが、クマには注意したい。とくにアラスカではクマに遭遇する可能性が高く、ベアスプレーも有効だ。また、アラスカは夏季に大量の蚊が発生することで有名だが、日本の蚊の2倍くらいの大きさはあり、日本の虫よけスプレーは効果がない。現地での購入がおすすめだが、強力なので肌には良くない。痒み止めは必携。蚊はジーンズなどの上からも刺すので注意したい。

NORTH AMERICA 北アメリカ

㉜ ワプスク国立公園 P.134
❶ マドレーヌ島 P.8
㉛ バッドランズ国立公園 P.130
ヘンリー・ドーリー動物園 P.242
ジョージア水族館 P.247
❻ クリスタル・リバー P.26

▶ 28 **Yellowstone National Park** USA
イエローストーン国立公園 アメリカ 🇺🇸

地球のパワーを肌で感じる類い稀なる環境で
それぞれの生命をつなぐ多種多様な動物たち

NORTH AMERICA 北アメリカ

イエローストーンの生態系の頂点に位置するグリズリーベア。滅多に見かけることはないが、遭遇した場合は90m以上距離をとること

感動体験

**のっそりと道を横断する
バッファローの群れで渋滞に!**

公園内を車で走っていると、前にいた車が徐々にスピードを落とし、停車しました。何かと思えば、はるか前方を数十頭のバッファローの群れが道路を横切っていたのです。これは、イエローストーン名物"バッファロー渋滞"と呼ばれるもの。ほかにも、巨大な間欠泉やバクテリアの色によって異なるプールなど、驚きの景色が満載でした。

ism●倉上 一平さん

1	2
3	5
4	

1 のどかにくつろぐアメリカバイソン。前足から頭部にかけて体毛に覆われている
2 グリズリーの親子がのんびりと歩いている姿を目撃することも
3 渦巻形の立派な角を持つビッグホーンシープ。山の斜面や崖の上などでしばしば見かける
4 コヨーテはオオカミによく似ているが、オオカミよりひと回り小さい。草原や森林を群れで行動している
5 公園内で頻繁に見かけるエルク。交配シーズンの9〜10月頃には、オス同士が大きな鳴き声をあげ角をぶつけあう、迫力満点の光景が見られることも

Yellowstone National Park USA

NORTH AMERICA 北アメリカ

さまざまな種類の動物と高確率で出会える

Yellowstone National Park
イエローストーン国立公園 ▶ アメリカ

ココで会える動物たち
グリズリーベア●ブラックベア●ムース（ヘラジカ）
アメリカバイソン●エルク●ビーバー
ビッグホーンシープ●コヨーテ●オオカミなど

　1872年、世界で初めて国立公園に指定されたイエローストーンは、アメリカ北西部の3州にまたがる約9000km²もの広大な範囲に、間欠泉や温泉、渓谷、滝、平原など、多様な自然景観が存在する。この一帯は現在も活動を続ける火山地帯であり、40mほどの高さまで熱湯を噴き上げる間欠泉や、鮮やかなコバルトブルーの温泉は、イエローストーンを代表する景観だ。公園内にはさまざまな動物が暮らしており、とくに渓谷や湖、草原など自然豊かな公園東部は、動物との出会いの宝庫。ヘイデン・バレーではアメリカバイソンやエルク、イエローストーン湖ではカワウソや水鳥が頻繁に見られ、ラマー・バレーではグリズリーベアやオオカミが現れることも。トレッキングやドライブをしながら、動物たちとの遭遇を楽しみたい。

おすすめの旅行シーズン
6〜8月の春〜夏季

とくに多種の花が咲き誇り、動物たちも活発に動く夏場がベスト。ハイキングや釣りの最中などに動物と出会える確率も高くなる。冬になると閉鎖される道路やロッジが多い。

1	2	3	4	5	6	7	8	9	10	11	12
冬		春			夏			秋			冬

COLUMN
偉大なる地球のパワーを間近で感じる

園内はいくつかのエリアに分かれているが、なかでも南西部のガイザー・カントリーでは、温泉や間欠泉など火山活動による現象が随所で見られる。最も人が集まる有名な間欠泉、「オールド・フェイスフル・ガイザー」や、吸い込まれていきそうな神秘的な色の温泉、「モーニング・グローリー・プール」は必見。動物たちとの出会いとともに、公園内の各所にあるこれらの観光もぜひ楽しみたい。

モーニング・グローリー・プールは、バクテリアも棲めないほどの高温

TOUR INFORMATION

旅の予算 25万円
旅の日程 4泊6日

アクセス & フライト時間
12時間30分〜
シアトル経由でボーズマンへ。そこからレンタカーで向かう。

日本からシアトルまでは約9時間、国内線に乗り換えてボーズマンまで約1時間45分。乗り換え時間を含むと最短でも15時間はみておきたい。公園までは車で約2時間。このルートのほか、デンバー、サンフランシスコ経由でソルトレイクシティからイエローストーン国立公園へ行くことも可能。

モデルプラン
イエローストーンの魅力を堪能

広大なイエローストーンの大地をガイド付で周遊。さまざまな動物たちとの出会いが期待できる。豪快な間欠泉、色鮮やかな温泉も見逃せない。

1日目 日本を発ち、アメリカの乗り継ぎ都市へ。国内線を乗り継いで、イエローストーン北部の街、**ボーズマン**に到着。イエローストーン国立公園北ゲート手前のホテルに宿泊。

2日目 イエローストーン国立公園を観光。雄大な平原で認定ガイドとともにハイキングやアニマルトレッキングなどのアクティビティを楽しむ。その後、石灰岩がテラス状に広がるマンモス・ホット・スプリングスを見学。

3日目 午前中からイエローストーンの大自然と動物たちとの出会いを満喫する。キャニオンでは、落差94mのロウアー滝やアッパー滝など豪快な滝を見学。ミサゴをはじめとした野鳥観察も楽しめる。

4日目 国立公園の西部へ移動。ここは世界一の熱水地帯。泥壺やバクテリアの色が鮮やかな大温泉、オールド・フェイスフルでは、豪快に噴き出す間欠泉や鮮やかな温泉のプールなどを見学。

5〜6日目 再びボーズマン空港から帰路につく。国内線でシアトルやサンフランシスコなどを経由し、日本へ。6日目の午後に成田空港に到着する。

【ツアー催行会社】ism ➡ P.250
上記は催行されているツアーの一例です。内容は変更される場合があります。

イエローストーン国立公園

アメリカ USA

モンタナ州 MONTANA

- ボーズマン Bozeman
- ギャラティン国立森林公園 Gallatin National Forest
- ガーディナー Gardiner / 北ゲート
- クックシティ Cooke City / 北東ゲート
- マンモス・ホット・スプリングス Mammoth Hot Springs
  - 石灰岩がレースのような形状になっている不思議な光景が広がる
- タワー・ルーズベルト Tower Roosevelt
- Abiathar Peak 3331m
- The Thunderer 3217m
- Mt.Norris 3028m
- ラマー・バレー Lamar Valley
  - ムース、アメリカバイソンなどの草食動物が多数見られる谷。オオカミやグリズリーベアが見られることも
- Obsidian Cliff
- Mt.Washburn 3122m
- Roaring Mtn.
- Dunraven Pass
- キャニオン Canyon
  - 壮大な渓谷。落差94mのロウアー滝は、南側のアーティスト・ポイントから眺めるのがおすすめ
- ノリス・ガイザー・ベイスン Norris Geyser Basin
- ロウアー滝 Lower Falls
- アーティスト・ポイント Artist Point
- Saddle Mtn. 3252m
- Pollux Peak 3373m
- ウエスト・イエローストーン West Yellowstone / 西ゲート
- マディソン Madison
- Grand Loop Rd.
- ヘイデン・バレー Hayden Valley
  - 中心にイエローストーン川が流れる広大な平原。野生動物との遭遇率が高く、アメリカバイソンの群れが渋滞を引き起こすことでも有名
- Castor Peak 3308m
- Mud Volcano
- フィッシング・ブリッジ Fishing Bridge
- ストーン・ポイント Stone Point
- グランド・プリズマティック・スプリングス
- モーニング・グローリー・プール Morning Glory Pool
- Natural Bridge
- ブリッジ・ベイ Bridge Bay
- Avalanche Peak 3221m
- オールド・フェイスフル・ガイザー Old Faithful Geyser
- オールド・フェイスフル・イン Old Faithful Inn
- イエローストーン湖 Yellowstone Lake
- Sylvan Pass / 冬季閉鎖 / 東ゲート East Entrance Rd.
- オールド・フェイスフル Old Faithful
  - オールド・フェイスフル・ガイザーやモーニング・グローリー・プールをはじめとした、数多くの間欠泉や温泉が集まるエリア
- ウエスト・サム West Thumb
- グラント・ヴィレッジ Grant Village
- Shoshone Lake
- Riddle Lake
  - 354km²あり、北米大陸の山岳湖では最大。クルージングや釣りが楽しめる
- Lewis Lake
- Heart Lake
- Mt.Schutz 3395m
- Eagle Peak 3462m
- Table Mtn. 3372m
- Turret Mtn. 3351m
- **イエローストーン国立公園 Yellowstone National Park**
- S Entrance Rd. / 冬季閉鎖
- 南ゲート
- **ワイオミング州 WYOMING**
- Grass Lake Reservoir
- ジャクソン湖 Jackson Lake
- ジャクソン・レイク・ロッジ Jackson Lake Lodge
- モラン Moran
- ジャクソン Jackson
- アンテロープ・フラット・ロード
- グランド・ティートン国立公園 Grand Teton National Park →P.122
  - アメリカの国立公園のなかで最も美しいと称される。イエローストーンと組み合わせて行くことも可能

NORTH AMERICA 北アメリカ

N　0　20km

121

29　Grand Teton National Park　USA
グランド・ティートン国立公園　アメリカ

森の中で、湖のそばで、大平原の真ん中で
動物たちとの思いがけない出会いを楽しむ

NORTH AMERICA 北アメリカ

うっすらと雪を被るティートン山脈をバックに、堂々とたたずむオスのアメリカバイソン。大きいものだと体高2m、体重は1t近くにもなる

1		
2	3	4

1 川をせき止めてダムをつくることで知られるビーバー。つねに忙しく動きまわる、森いちばんの働き者
2 風のない穏やかな日には、澄んだ湖面にティートンの山々がくっきりと映し出される
3 愛らしいミュールジカの親子。トレイルコースの途中や、宿泊ロッジのすぐ近くなどでも見かける
4 アメリカの国鳥でもあるハクトウワシ。羽を広げると2m近くあり、その凛々しい姿に釘付けになる

感動体験

まるで額縁に納まったような美しい自然と動物が点在する場所

急峻な美しい山々と湖のコントラストは、いつまでも見飽きない、心落ち着く景観。とくにアメリカバイソンは、その景色をひき立てるような、悠々とした姿。ジャクソン・レイク・ロッジのダイニングからの眺めは、まさに額に入れたかのような印象。心に強く刻まれる自然や動物たちの生きる姿を心ゆくまで堪能できました。

ism ●倉上 一平さん

グランド・ティートン国立公園

ワイオミング州 WYOMING

イエローストーン国立公園 Yellowstone National Park →P.116

往復4〜5時間ほどのトレイルコース、森林、湖畔、湿地などを巡るルートで、ムースやミュールジカなどの動物に出会えることも多い

スネーク川周辺に生息する魚や水草を求めて、ムースやビーバー、カワウソ、ハクトウワシなど、さまざまな動物が集まる

標高4197mのグランド・ティートンを最高峰とする、険しく切り立った山脈。園内のどこからもその美しい山並が望める

最もグランド・ティートンらしい景観が望める見晴らしの良い道。絶好の撮影ポイント

観光の拠点となる街。西部開拓時代の面影が残る

Steamboat Mtn.
Survey Peak
Mt. Moose
Ranger Peak
Mt. Rolling Thunder
コルター・ベイ Colter Bay
ハーミテージポイント Hermitage Point
ジャクソン・レイク・ロッジ Jackson Lake Lodge
オクスボー・ベンド Oxbow Bend
Mt. Moran
ジャクソン湖 Jackson Lake
モラン・ゲート Moran
インスピレーション・ポイント
ジェニー・レイク・ロッジ Jenny Lake Lodge
Mt. Owen
Grand Teton
Middle Teton
グランド・ティートン国立公園 Grand Teton National Park
ムース・ゲート
トランスフィギュレーション教会 Chapel of the Transfiguration
Mt. Hunt
アンテロープ・フラット・ロード Antelope Flats Road
ジャクソン・ホール空港 Jackson Hole Airport
ティートン・ヴィレッジ Teton Village
ジャクソン Jackson
アメリカ USA

0 10km

動物たちの気配が身近に感じられる公園

Grand Teton National Park
グランド・ティートン国立公園 ▶ アメリカ

ココで会える動物たち
アメリカバイソン（バッファロー）●ムース（ヘラジカ）
プロングホーン●カワウソ●オオカミ●ブラックベア
ミュールジカ●ビーバー●エルク●ハクトウワシなど

USA

　イエローストーン国立公園のすぐ南に位置しており、険しく切り立ったティートン山脈、ゆっくりと蛇行しながら流れるスネーク川、季節の花々が咲き誇る大草原など、壮大な景観が望めることから、「アメリカで最も美しい国立公園」とも称される。氷河による浸食や堆積作用によってできた谷や丘、湖などの氷河地形が特徴で、それらが生み出すダイナミックな自然環境のなかに、さまざまな動物たちが生活している。山から流れる川や湖の周辺には水鳥やビーバー、広大な森にはブラックベアやリス、東部や南部に広がる草原にはアメリカバイソンやプロングホーン、オオカミなどが生息しており、トレッキングや乗馬などのアクティビティを楽しみながら、自然そのままの動物たちの姿が観察できる。

おすすめの旅行シーズン
6～10月の春～秋季

10月下旬～5月上旬の間、公園内のロッジや道路のほとんどが閉鎖される。草原に花々が咲き乱れ、動物たちも活発に動いている7月頃が、気候的にも過ごしやすくおすすめだ。

1	2	3	4	5	6	7	8	9	10	11	12
冬		春			夏			秋			冬

COLUMN
園内のロッジに泊まろう！

園内には6ヵ所の宿泊施設があり、高級ホテルから簡素なキャビンまで、タイプはさまざま。ジェニー・レイク・ロッジは、世界のセレブも訪れる超高級リゾート。フルコースのディナーと朝食付、客室のインテリアは一級品で、サービスはもちろん折り紙付きだ。ジャクソン・レイク・ロッジも少々お高めだが、レストランやロビーからの眺望が素晴らしく、設備もしっかり整っている。園内に宿泊して、グランド・ティートンの大自然をさらに身近に感じたい。

日常を忘れ、最高の滞在を

TOUR INFORMATION

旅の予算 25万円
旅の日程 4泊6日

アクセス & フライト時間
15時間～
最寄りの空港はジャクソン・ホールだが、まわるエリアや航空会社によって異なる。
日本からデンバーまでは約11時間、国内線に乗り換えてジャクソン・ホールまで約1時間30分。乗り換え時間を含むと最短でも15時間はみておきたい。公園までは車で30分ほどで着く。このルートのほか、シアトル経由でソルトレイクシティからティートンへ行くこともできる。

モデルプラン
2つの国立公園を巡る旅

グランド・ティートンとイエローストーン、北米有数の2つの国立公園を満喫する欲張りツアー。大自然が生み出すダイナミックな景観と野生動物たちの姿に感動間違いなし！

1日目 日本出発。アメリカ到着後、国内線でジャクソン・ホール空港へ。拠点となるジャクソンの街でショッピングや散策を楽しむ。

2日目 ホテルで朝食をとり、レンタカーで出発。ジャクソンから約20分ほどでグランド・ティートン国立公園に到着する。国立公園内ではティートン山脈を眺めながら見どころを周遊。アメリカバイソンやムースなどの野生動物には高確率で出会える。ゆったりと草を食む姿に癒されよう。自然や動物観察を十分満喫したら、イエローストーン近郊に移動。

3～4日目 イエローストーン国立公園へ。園内最大の規模を誇るグランド・プリズマティック・スプリングスなどを観光。翌日の早朝には川や湖、草原をドライブし、野生動物との遭遇を待つ。観光後は北部の街、ボーズマンへ。

5～6日目 午前中の国内線の便で、乗り継ぎ都市の空港へ。国際線に乗り継いで機内泊。翌日の午後に成田空港に到着する。

【ツアー催行会社】 ism ➡ P.250
上記は催行されているツアーの一例です。内容は変更される場合があります。

NORTH AMERICA 北アメリカ

30 Katmai National Park & Preserve　USA
カトマイ国立公園・自然保護区　アメリカ

大接近に鼓動が高鳴る
野生のブラウンベアに会いに行く

NORTH AMERICA 北アメリカ

ブルックス滝の上にいるブラウンベアが、遡上するサケを獲り、食べる。近くに設けられた展望台からその瞬間が見られる

感動体験

公園内のいたるところで
クマと遭遇しました!

公園に入ると、まず全員必須の公園内の説明を受け、ガイドとともにブルックス滝をめざします。歩き始めて50mも経たずに、クマに遭遇！近づくな、とストップの指示が出て全員ドキドキ。クマが見えなくなるまで待ち、滝に着くと、ひっきりなしに遡上するサケを狙うクマの姿を発見！迫力満点でその姿に釘付けでした。

会社員●祓川 典子さん

1 滝の上でサケを待ち構える。獲物を仕留める場所は、クマ同士の強さの順位によって決められる

2 トップシーズンには、多いときで20頭を超すブラウンベアがブルックス滝に集まることもある

カトマイ国立公園・自然保護区 / Katmai National Park & Preserve

- Iliamna Lake
- Kokhanok
- アンカレッジ
- アメリカ USA
- Kukaklek Lake
- Kamishak Bay
- レヴロック Levelock
- ダグラス山 Mt. Douglas
- ケープダグラス Cape Douglas
- ナクネック Naknek
- キング・サーモン King Salmon
- ナクネック湖 Naknek Lake
- アリューシャン山脈 Aleutian Range
- キング・サーモン空港 King Salmon Airport
- ブルックス滝 Brooks Falls
- ブルックス湖 Brooks Lake
- ブルックス・キャンプ Brooks Camp
- デニソン山 Mt. Denison
- アフォニャック Afognak Is.
- カトマイ山 Mt. Katmai
- ラズベリー島 Raspberry Is.
- コディアック
- Becharof Lake
- Shelikof Strait
- アラスカ州 ALASKA

- カトマイ国立公園のサービスセンターと、ゲートウェイになっている
- 公園内でいちばん大きな湖。5種類のサーモン、ニジマス、ホッキョクイワナなどが釣れるためアングラーたちから人気
- 公園に訪れる大多数が立ち寄る場所。着いたら全員がクマに対する安全指導を受ける
- ブルックス湖とナクネック湖を結ぶブルックス川の幅いっぱいに広がる、落差約2mの滝。遡上するサケを狙ってクマが待ち構えている。専用の展望台があり、間近でその姿を見ることができる
- 標高2047m、公園の名の由来となった山

0 30km

アラスカの大自然に覆われた、クマの楽園
Katmai National Park & Preserve
カトマイ国立公園・自然保護区 ▶ アメリカ

ココで会える動物たち
ブラウンベア●ムース●カリブー●アカギツネ
オオヤマネコ●カナダカワウソ●ヤマアラシ
カンジキウサギ●キタリス●ビーバーなど

USA

アラスカ半島にある1万6000km²以上もの広大な面積を持つ国立公園。緑豊かな自然が護られている園内にはさまざまな動物が生息するが、ここの主役はブラウンベア。世界最大のクマ禁猟区としても知られ、約2200頭もの野生のブラウンベアが暮らしている。アラスカの紹介でよく見かけるクマがサケを獲る写真の多くは、ここで撮影されたものだ。例年、ベアウォッチングを楽しむため、世界中から多くの人々が訪れる。自由散策が基本の園内では、ときに道の途中でクマに遭遇することも。エサが豊富なため、クマが人を襲うことはまずないが、入園時に受けるレクチャーに必ず従い行動する。最初は驚き、恐怖もあるが、自分が本物の自然のなかにいることを実感でき、それがじわじわと感動に変わっていくのがわかる。

おすすめの旅行シーズン
6〜9月の夏〜秋季

広大な公園のため園内エリアにより異なるが、概ね6〜9月がシーズン。なかでも7・9月はとくにクマとの遭遇率が高め。サケが遡上する7月は、年明けから予約が殺到する。

1	2	3	4	5	6	7	8	9	10	11	12
冬		春			夏			秋			冬

COLUMN — Brooks Camp
ブルックス・キャンプに宿泊する

公園内で唯一の宿泊施設で、園内オプショナルツアーの申し込みができるツアーデスクもここにある。ベアウォッチングをする観光客にとても人気が高いので、早めの予約を。まれにロッジの周りでクマに遭遇することも。現地のレンジャーの注意に従って行動する。

TOUR INFORMATION

旅の予算 30万円
旅の日程 5泊7日

アクセス & フライト時間
14時間〜 2回の乗り換えは必須。キング・サーモンまで行けば、公園まではもうすぐだ。

日本から約9時間のフライトののちシアトルで乗り継ぎ、約3時間半でアラスカのアンカレッジに着く。さらに、カトマイ国立公園・自然保護区にいちばん近い空港、キング・サーモンまでは約1時間20分。ここからバギーなどで公園までは約20分。

モデルプラン
アラスカの大自然を体感する旅

旅のハイライトはカトマイ国立公園・自然保護区でのロッジ滞在とベアウォッチング。氷河、フィヨルド、森林など、壮大なスケールのアラスカの大自然も一緒に満喫したい。

1日目 日本を出発、シアトルで航空機を乗り継ぎ、アラスカ最大の都市、アンカレッジの空港へ。到着後は、市内のホテルに宿泊。

2〜3日目 アンカレッジ空港から、カトマイ国立公園・自然保護区の玄関口であるキング・サーモンへ1時間20分程度のフライト。さらにそこから、水上飛行機、あるいはボートに乗り換え、ブルックス・キャンプへ向かう。現地のレンジャーから、公園内での注意事項などのレクチャーを受けたら自由行動となり、いよいよベアウォッチング開始。1912年の巨大噴火によってできた地形を巡るハイキングツアーなどにも参加して、カトマイ滞在を存分に楽しみたい。

4〜5日目 クマたちに別れを告げて、アンカレッジへと戻り、翌日までは市内に滞在する。アンカレッジでは氷河やフィヨルドのクルーズはじめとした、周辺へのツアーが充実。日帰りツアーに参加して、さらなる大自然を体感したい。

6〜7日目 早朝にはアンカレッジ空港へ移動し、午前のフライトで経由地シアトルへ。便を乗り継いで成田空港へと向かう。この日は機中泊となり、翌日の午後には到着する

【ツアー催行会社】ワイルドナビゲーション ➡P.251
上記は催行されているツアーの一例です。内容は変更される場合があります。

31 Badlands National Park　USA
バッドランズ国立公園　アメリカ

奇岩群の下に広がるプレーリーに
動物たちの鳴き声が響き渡る

NORTH AMERICA 北アメリカ

昼間は巣穴から出て、草や根、種などを食べるプレーリードッグ。外敵を見つけると、鳴き声をあげて仲間に危険を知らせる

感動体験

奇想天外な荒地に息づく愛らしい動物

風が吹き荒れる、その乾いた大地には一見動物など生息しないように見えました。ところが、よく見るとこんもりとした茶色の大地や草むらのあちこちからたくさんの小さな動物が顔を出しているのを発見。近づいてみるとなんとプレーリードッグ。昔、テレビ番組で見た愛らしいプレーリードッグとの出会い…サウスダコタ旅行でいちばん印象深い思い出となりました。

コロラド・サウスダコタ・ワイオミング州政府観光局●南部 貴子

1	
2	3

① 盛り土ができている場合は、プレーリードッグの巣穴の可能性が高い。中には多くの部屋があり、寝室、トイレなどそれぞれ使い道が決まっている
② バッドランズの地表は毎年約1インチずつ浸食されているという
③ ビッグホーンシープの赤ちゃん。大きくなると立派な角が生える

バッドランズ国立公園 / Badlands National Park

- プレーリードッグを観察できる草原。この草原に棲むのはオグロプレーリードッグという最も有名な種類
- Prairie Dog Town プレーリードッグ・タウン
- Badlands Wilderness Overlook
- Pinnacles Overlook ピナクルス展望台 — 奇怪な尖塔岩ピナクルスが広がる渓谷が見渡せる場所
- Ancient Hunters Overlook
- Minuteman Missile National Historic Site
- 公園内で採掘された化石の見本が見学できる、一周400m、所要約20分の遊歩道
- Yellow Mounds イエロー・マウンズ — 古い地層が露出した場所で、太陽の光を受けると金色に輝く
- White River Valley Overlook
- Panorama Point
- Fossil Exhibit Trail 化石の道
- Cedar Pass Lodge シーダー・パス・ロッジ — ビジターセンターに隣接する宿泊施設。4月中旬〜10月初旬のみオープンする
- Ben Reifel Visitor Center ベン・レイフェル ビジターセンター — 通年営業しているビジターセンター。バッドランズの歴史、地質などについての展示があるほか、公園についてのビデオも上映されている。公園観光の前にここで情報収集したい
- North East Entrance
- Scenic
- Interior
- Red Shirt
- Red Shirt Table Overlook
- White River Visitor Center ホワイト・リバー ビジターセンター
- パイン・リッジ・インディアン保留地
- Palmer Creek Unit
- Potato Creek
- Sharpes Corner
- ウンデッド・ニー

ラピッド・シティ空港
マウント・ラッシュモア国立メモリアル
ホット・スプリングス
アメリカ USA
サウスダコタ州 SOUTH DAKOTA

0 10km

岩と草原の間にのびのびと動物が暮らす

Badlands National Park
バッドランズ国立公園 ▶ アメリカ

ココで会える動物たち
プレーリードッグ●バイソン●ビッグホーンシープ
ミュールジカ●アンテロープ●アナグマ
コヨーテなど

アメリカ・サウスダコタ州南西部、岩山と荒野が果てしなく続く草原地帯にある国立公園。もともとはスー族インディアンの土地で、国立公園に指定されたのは1978年。見どころは独特な地層や化石層、ピナクルスと呼ばれる尖った奇岩など（いずれも公園北部にある）。度重なる地形変化のなかでの堆積物と、水や風による浸食がこうした土地をつくりあげた。園内のトレイルを歩けばその大地を自分の足で感じることができる。また、野生動物との遭遇も楽しみのひとつ。哺乳類だけでも大小さまざまな39種が確認されている。小動物のうち、プレーリードッグは園内に広がる草原の地下にトンネルを張り巡らせ、一大コミュニティを築いて暮らす。この草原はバイソンが集まるスポットでもあるのでぜひ立ち寄りたい。

おすすめの旅行シーズン
6～8月の夏季
観光客向けにイベントが行なわれるシーズン。春秋も良いが、園内施設の営業時間が短縮される。野生動物を見るには冬が最適だが、かなり気温が低いうえ、車の運転にも注意が必要。

1	2	3	4	5	6	7	8	9	10	11	12
冬			春		夏			秋			冬

COLUMN — Mount Rushmore National Memorial
マウント・ラッシュモア国立メモリアル
4人の歴代アメリカ大統領が刻まれた巨大な花崗岩。彫り上げるのに14年かかったという。バッドランズからは車で約1時間半～2時間で、併せて旅行するのにおすすめの場所。年中観光客が後を絶たない。休みはクリスマスのみ。夜はライトアップされている

TOUR INFORMATION

旅の予算 28万円
旅の日程 4泊6日

アクセス & フライト時間
14時間～
バッドランズ国立公園への玄関口、ラピッド・シティまでは空路で約14時間。

成田から約11時間30分。アメリカのシカゴ、ダラス、デンバー、ミネアポリスなどで乗り継ぎ、1～2時間でラピッド・シティに到着。乗り換え時間を含めると、最短で約14時間。ラピッド・シティからバッドランズ国立公園までは車で行くのが一般的で、約2時間で到着。

モデルプラン
2州の公立公園と名所を巡る
サウスダコタ州とワイオミング州には国立公園や国定記念物が点在している。3日間かけてドライブしながら、雄大な自然を満喫しよう。

1日目 日本を夜に出発。北米の都市で乗り継いで、サウスダコタ州西部のラピッド・シティ空港に到着。空港でレンタカーを借り、市内のホテルへ。

2日目 車で約1時間半ほど走り、バッドランズ国立公園へ。園内の景観や動物たちとの出会いを楽しもう。夜は公園内のロッジに1泊する。

3日目 ブラックヒルズの名所をまわる。まずはバッドランズからマウント・ラッシュモア国立メモリアルへ。そこからスー族の英雄の彫像クレイジーホース・メモリアル、カスター州立公園、ウインド・ケーブ国立公園を続けて訪れる。この日は近くの街ホット・スプリングスに泊まる。

4日目 ジュエルケーブ国定公園へ行き、美しい鍾乳石を見る。そこから車で約2時間、今度はワイオミング州のデビルスタワー国定公園へ。大草原にそびえ立つ巨大な岩はまさに壮観。観光後、ラピッド・シティに戻ろう。

5-6日目 ラピッド・シティ空港でレンタカーを返して、帰国の途につく。来たときと同様、北米の都市で一度乗り継いで、日本には翌日の午後に到着する。

NORTH AMERICA 北アメリカ

32 Wapusk National Park　Canada
ワプスク国立公園　カナダ

ハドソン湾の南端チャーチル近郊に集まる
おびただしい数のホッキョクグマ

NORTH AMERICA
北アメリカ

チャーチル周辺はハドソン湾が最も早く凍り始める場所。ホッキョクグマたちは海岸線でその結氷を待ちわびている

	1	
2	3	4

1 陸上最大といわれるその大きさは、身長約2〜2.5m、体重はオスで400〜600kgにもなる
2 陸地にエサの少ない冬、ホッキョクギツネはホッキョクグマの獲物のおこぼれを狙う
3 生態系のトップであるホッキョクグマには天敵がいないため、のびのびと生活している
4 ホッキョクグマは、繁殖期と子連れのメス以外は単独で行動する

感動体験

氷点下20℃の極寒のなか 忘れられない感動の出会い

凛とした寒さの中、バギーに乗車すると、ガイドが遥か遠くをさしました。最初は小さな点でしか見えなかったものがホッキョクグマだとわかったときの胸の高鳴りは忘れられません。陸上最大の肉食動物とは裏腹の、かわいらしい姿に強く心を打たれました。息遣いが聞こえるくらいの距離でふれあえるバギーツアーはおすすめです！

ism ● 倉上 一平

ワプスク国立公園

多くのホッキョクグマが集まることから、ポーラー・ベアキャピタルと呼ばれる

チャーチル駅 Churchill
エスキモー・ミュージアム
ポーラーベア・ポイント Polar Bear Point
ケープ・チャーチル Cape Churchill

チャーチル近郊でも、ホッキョクグマがいちばん早く、多く集まる場所。クマを24時間観察できるツンドラバギーロッジがある

Tidal / Digges / Bylot / Lamprey / Chesnaye / Cromarty / Belcher / M'Clintock / Back / O'Day / Kellet / Herchmer / Silcox / Thibaudeau / Lawledge

ハドソン湾 Hudson Bay

カナダ CANADA
マニトバ州 MANITOBA

VIA Rail

公園の沖にはベルーガ（白イルカ）もいる

ワプスク国立公園 Wapusk National Park

ヨーク・ファクトリー歴史地区 York Factory National Historic Site
ポート・ネルソン Port Nelson
ヨーク・ファクトリー York Factory

↓ウィニペグ

世界有数のホッキョクグマの聖地
Wapusk National Park
ワプスク国立公園 ▶ カナダ

ココで会える動物たち
ホッキョクグマ●ホッキョクギツネ●ムース
ライチョウ●ホッキョクウサギ●ベルーガ
カリブーなど

カナダ・ハドソン湾沿岸にあるこの国立公園は、針葉樹林とツンドラ（凍原）の間の移行帯。総面積約1万1500km²の広大な土地に、ムース、カリブーなどさまざまな生物が暮らす。とくに地上最大の肉食動物ホッキョクグマの生息地として有名。名前の「ワプスク」も北米先住民の言葉で「白いクマ」を表す。公園の半分以上は泥炭地だが、クマが出産用の巣穴を掘るには理想的な環境だという。この地のクマたちは10月下旬から11月上旬、西方の街チャーチル近郊に続々と集まる。いちはやく結氷したハドソン湾を通り、エサのアザラシを狩りに北極海へと出発するためだ。クマの多くは7月の解氷まで狩りに出るが、妊娠中のメスは子育てのためにワプスクの低地に残る。2月下旬には生後数ヵ月の子グマも姿を見せる。

おすすめの旅行シーズン
10月下旬〜11月

チャーチルに集まったホッキョクグマが見られる人気のシーズン。夏や春先にも動物を見るチャンスはあるが、日本発のホッキョクグマ観察ツアーはおもにこの時期に催行される。

1	2	3	4	5	6	7	8	9	10	11	12
冬		春			夏			秋			

COLUMN
ホッキョクグマを見ながら宿泊

24時間ホッキョクグマを観察していたい、そんな願いを叶えるのがツンドラバギーロッジだ。車を改造した宿泊施設で、窓の外にホッキョクグマを見ながら寝泊まりできる。中はとても暖かく、非常に大きなバギー。好奇心旺盛なホッキョクグマが近づいてくる

TOUR INFORMATION

旅の予算 60万円
旅の日程 5泊7日

アクセス & フライト時間
17時間〜

ウィニペグ〜チャーチル間は便により所要が1時間50分〜5時間40分と異なる。

成田からトロントなどを経由し、マニトバ州の州都であるウィニペグまで、乗り換え時間含め約17時間で到着。ウィニペグからチャーチルまでは直行便で最短1時間50分で着く。チャーチル・ワイルドライフ・マネジメント・エリアまではチャーチル市内から約30分でバギー乗り場に着く。

モデルプラン
ホッキョクグマに大接近

たっぷり2日間かけてホッキョクグマを観察。旅行の時期はチャーチルにクマが集まる11月上旬。安全に守られた観察バギーの屋外デッキで、クマを間近に眺めよう。

1日目 日本を午後に出発。北米の都市で乗り継いでウィニペグへ向かう。この日はウィニペグのホテルに1泊する。

2日目 飛行機でチャーチルに移動する。所要約2時間。午後、チャーチル市内を観光。パークスカナダ展示館で地域の文化や歴史について知る。

3日目 いよいよホッキョクグマ観察ツアーへ。草木のほとんど生えないツンドラ地帯を、観察専用バギーで走る。多い日には20頭近くのクマが見つかることもある。

4日目 午前は犬ぞり体験で白銀の世界を疾走。午後はエスキモー・ミュージアムを見学する。

5日目 ホッキョクグマ観察の2日目。クマ以外にも、ライチョウ、キツネ、ウサギなどが見られることがあるので探してみよう。観察が終わったら、チャーチル空港から飛行機でウィニペグへ。

6・7日目 ウィニペグ空港から日本へ向けて出発。午前の便に乗り、途中、北米の都市で乗り継ぐ。トロントからの直行便の場合、所要約12時間で、翌日の午後に到着する。

【ツアー催行会社】ism ➡ P.250
上記は催行されているツアーの一例です。内容は変更される場合があります。

NORTH AMERICA 北アメリカ

CANADA

南アメリカ
SOUTH AMERICA

人間の手つかずのジャングルや島々
大自然の奥地に棲む野生動物を垣間見る

P.140 ガラパゴス諸島 ㉝

太平洋

珍しい動物たちの聖域が広がる

　生物地理区では新熱帯区にあたる南アメリカ大陸は長い間、島大陸だったので独特な動物が生息することとなった。ダーウィンに進化論を示唆したエクアドルのガラパゴス諸島、ペルーにあるアマゾン最大の街・イキトスでは異節類のナマケモノやアリクイに出会い、スミレコンゴウインコなどが遊ぶマヌー国立公園は野鳥好き垂涎のエリア。ボリビアのルレナバケを起点にヤクマ川をボートで進めば、あちらこちらにワニやカピバラが目を楽しませる。日本の本州並みの面積を占めるパンタナール（ブラジル）の熱帯性湿原には、多くの絶滅危惧種をはじめ、多種多様な鳥類、魚類、哺乳類が生息している。この広大な湿地帯の一部であるパンタナール自然保護地域は世界自然遺産になっている。パタゴニアのトレス・デル・パイネ国立公園（チリ）ではラマ属の優美なグアナコが生活、バルデス半島（アルゼンチン）は動物固有種の天国とされる。

ルレナバケ ➡ P.158

イキトス ➡ P.146

旅のアドバイス
旅をする国の情報を事前に調べる

　南アメリカの観光シーズンは地理的条件や気候、目的によってさまざまだが、一般的に5～12月の乾季がハイシーズンとなり、混雑する（雨季は1～4月）。ガラパゴス諸島の気温は最低でも20℃前後なので乾季の朝夕を除けば夏服でいいだろう。ペルーのイキトスは5～10月がベストだが、ジャングルへのツアーならば蚊の猛攻に注意（薄手のものは長袖であっても油断はできない）。大陸のほぼ中央に広がるパンタナールの湿原は熱帯サバンナ気候に属するが、夏季（10～3月）の強烈な日差しには十分な対策をしておきたい。トレス・デル・パイネ国立公園やバルデス半島があるパタゴニア地方の気温は11～3月の夏季でも平均で10℃程度と低く、さらに風も強いので防寒具が必須。南アメリカの治安は、とくに都市部に問題が多いが、おもに混雑する空港やホテルなどでのスリや置き引き、金品・カメラなどの強奪、バス利用時の盗難には注意が必要だ。

南アメリカ / SOUTH AMERICA

国名・都市

- コスタリカ（サンホセ）
- パナマ（パナマ・シティ）
- ベネズエラ（カラカス、ポート・オブ・スペイン）
- トリニダード・トバゴ
- コロンビア（ボゴタ）
- ガイアナ（ジョージタウン）
- スリナム（パラマリボ）
- フランス領ギアナ（カイエンヌ）
- エクアドル（キト）
- ペルー（リマ、タララ、トルヒーヨ）
- ブラジル（マナウス、ベレン、サンルイス、フォルタレーザ、レシフェ、サルバドル、ブラジリア、ゴイアニア、ベロ・オリゾンテ、カンピーナス、リオデジャネイロ、サンパウロ、クリティーバ、ポルト・アレグレ、ポルトベーリョ、クイアバ）
- ボリビア（ラパス）
- パラグアイ（アスンシオン）
- チリ（アントファガスタ、サンティアゴ、コンセプシオン、バルディビア、プンタ・アレーナス）
- ウルグアイ（モンテビデオ）
- アルゼンチン（ロサリオ、ブエノスアイレス、ネウケン、コモドロリバダビア）
- フォークランド諸島（マルビナス諸島）

河川・湖

- オリノコ川
- ネグロ川
- アマゾン川
- マデイラ川
- チチカカ湖
- パラナ川

観光地

- ㉞ イキトス P.146
- ㉟ マヌー国立公園 P.152
- ㊱ ルレナバケ P.158
- ㊲ パンタナール自然保護地域 P.162
- ㊳ トレス・デル・パイネ国立公園 P.168
- ㊵ バジェスタス島 P.176
- ㊶ グランド・リビエール P.178
- ㉖ ルハン動物園 P.110

大西洋

パンタナール自然保護地域 ➡ P.162

33 Islas de Galápagos　Ecuador
ガラパゴス諸島　エクアドル

大陸から隔絶された孤島は
独自の進化を続ける生命の楽園

SOUTH AMERICA 南アメリカ

世界最大の陸ガメであるガラパゴスゾウガメは、絶滅危惧種に指定されており、1970年からエクアドル政府により厳重に保護されている

感動体験

さまざまなドラマが繰り広げられる まさに動物のパラダイス

ガラパゴスにはいくつものドラマがある、そう思いました。まずは南米大陸からおよそ1000kmも海を渡るというドラマ。次に気まぐれに停まったところ(海の上)で野生アザラシと一緒にシュノーケリングをして船上で眠るというドラマ。そしてもちろん、島で繰り広げられている野生動物たちの、さまざな命のドラマ。圧巻です。

フォトエッセイスト●白川 由紀さん

1		
2	3	4

1 島々のいたるところで、ガラパゴスアシカが気持ちよさそうに寝ている光景を見ることができる。人懐こく好奇心旺盛なため、シュノーケリングをしていると一緒に泳いでくれることもある。9〜12月の間はかわいい赤ちゃんアシカも見られる

2 グンカンドリのオスは、2〜7月頃の繁殖期に喉元の赤い袋を膨らませて求愛する。ノース・セイモア島では高確率で間近に観察できる

3 アオアシカツオドリの求愛行動は、足を交互に高く上げ、まるでダンスをしているよう。その足は青ければ青いほど魅力的となるという。諸島内で広域に分布しているので、出会える確率は高い

4 リクイグアナは繁殖している数が少なく、手厚く保護されている。木に登れないので、サボテンの下で好物の葉肉が落ちるのを待つ姿が印象的

写真協力 P.142 2、3 西遊旅行

Islas de Galápagos Ecuador

SOUTH AMERICA 南アメリカ

野生動物が気ままに生きる島

Islas de Galápagos
ガラパゴス諸島 ▶ エクアドル

ココで会える動物たち
ガラパゴスゾウガメ●ガラパゴスイグアナ
ガラパゴスアシカ●ガラパゴスペンギン
アオアシカツオドリ●グンカンドリなど

★ ECUADOR

　南米大陸から約1000km西の太平洋上に浮かぶ群島は、多くの固有種が暮らす生命の楽園。さまざまな生物がこの島々にたどり着き、大陸から隔離された環境のなか、独自の進化を繰り返してきた。島名の由来ともなったゾウガメ（スペイン語でガラパゴ）をはじめ、これらの生物を野生のまま間近に観察できる。ほとんどの動物が人間に物怖じせず、近づいても逃げることはないが、触ることは厳禁なので注意しよう。

　また、ガラパゴスの海には陸で見られる動物以上の固有種が生息しているといわれている。数百匹のハンマーヘッドシャークの群れやジンベエザメなどの大型海洋生物にも出会える海は、ダイバーにとって最高のスポット。泳ぎに自信がない人は、浜辺近くでアシカやペンギンとシュノーケリングが楽しめる。

おすすめの旅行シーズン

6〜11月の乾季

12〜5月の雨季はスコールが多いが、基本的に一年中快適。涼しくなる乾季は、アシカやペンギンなどの海の生物が活発になり、ガラパゴスゾウガメの巣作りが見られる。

1	2	3	4	5	6	7	8	9	10	11	12
雨季					乾季						

COLUMN — Easter Island
謎に満ちたイースター島

チリの首都、サンディエゴから約3700km西に離れた孤島。島内のいたるところにある、モアイ像は12世紀〜15世紀の間に造られたといわれているが、真相は未だに謎が多い。

最大で90tにもなるモアイ像。朝日や夕日に照らされると幻想的な光景がひろがる

TOUR INFORMATION

旅の予算 90万円
旅の日程 12泊13日

アクセス＆フライト時間
20時間〜
日本からガラパゴス諸島まで乗り継ぎ時間も含めると丸1日以上はかかる。

日本から直行便はなくアメリカの都市で乗り継ぎ、エクアドルの首都キト、またはグアヤキルをめざす。乗り継ぎ時間を含めると、ここまで約21時間。キトもしくはグアヤキルで1泊し、空港のあるバルトラ島までは、約2時間。ガラパゴス諸島の島々は船での移動となる。

モデルプラン
謎多き孤島をゆったり巡る旅

ガラパゴス諸島の3つの島をボートクルーズで巡り、ガラパゴス諸島でのみ生きる珍しい動物を観察。イースター島では、モアイ像が残る地を堪能する。

1日目 日本を午後出発、ロサンゼルスで乗り継ぎ、チリの首都サンティアゴへ。

2日目 朝に到着後、サンティアゴの市内観光。昼食は中央市場での新鮮なシーフード料理がおすすめ。

3〜5日目 朝、飛行機でイースター島へ。ツアー専用車で観光スポットを巡る。モアイ像はもちろん、さまざまな名所がたっぷり3日間楽しめる。5日目の夜、飛行機でサンティアゴに戻る。

6〜10日目 サンティアゴ出発。グアヤキルで乗り継ぎ、7日目の午前中、ガラパゴス諸島のバルトラ島へ入る。旅の拠点となるサンタ・クルス島まではバスとボートで移動。その後2日間、ボートクルーズでプラサ・スール島とセイモウル・ノルテ島へ。さまざまな動物を観察したり、シュノーケリングを楽しむ。10日目はダーウィン研究所を見学後バルトラ島へ戻り、そこから飛行機でグアヤキルを経由してキトへ向かう。

11〜13日目 キトのホテルでゆっくり休み、11日目はツアー専用車で世界遺産のキト旧市街を一日観光。深夜、航空機にてリマ乗り継ぎでロサンゼルスへ。朝に到着後、日本への帰国便に乗り換える。

【ツアー催行会社】西遊旅行 ➡ P.250
上記は催行されているツアーの一例です。内容は変更される場合があります。

ガラパゴス諸島

Islas de Galápagos

エクアドル ECUADOR

- ピンタ島 Isla Pinta
- マルチェナ島 Isla Marchena
- ジェノベサ島 Isla Genovasa
- ボルカン・ウォルフ Volcán Wolf
- ガラパゴス国立公園 Galapagos National Park
- サンティアゴ島 Isla Santiago
- フェルナンディナ島 Isla Fernandina
- イサベラ島 Isla Isabela（ガラパゴス諸島最大の島）
- イサベル湾 Bahía de Isabel
- ラビダ島 Isla Rabida
- セイモウル・ノルテ島 Isla Seymour Norte
- セイモウル空港
- バルトラ島 Isla Baltra
- プラサ・ノルテ島 Isla Plaza Norte
- プラサ・スール島 Isla Plaza Sur
- ピンソン島 Isla Pinzón
- サンタ・クルス島 Isla Santa Cruz
- プエルト・アヨラ Puerto Ayora
- チャールズ・ダーウィン研究所 Charles Darwin Research Station
- サンタフェ島 Isla Santa Fe
- サン・クリストバル島 Isla San Crostobal
- ボルカン・チコ Volcán Chico
- サント・トマス Santo Tomás
- プエルト・ビヤミル Puerto Villamil
- プエルト・バケリソ・モレノ Puerto Baqueriso Moreno
- サンタ・マリア島 Isla Santa Maria
- イースター島

- 国立公園から除外された移住地には多くの人が住む
- 島全体が平坦で、東西約2kmほどの島。グンカンドリとアオアシカツオドリの営巣地。アオアシカツオドリの求愛ダンスが見られることも
- 空港があるのはバルトラ島とサン・クリストバル島の2つ
- アシカの楽園といわれるほど、いたるところでアシカが寝ている
- 多くのホテルやレストラン、おみやげ屋で賑わっている。ツーリストの拠点
- ガラパゴスゾウガメの繁殖や保護などを行なっている。たくさんのゾウガメを間近に見ることができるが、近づきすぎたり触れないように注意

0 — 40km

SOUTH AMERICA 南アメリカ

絶滅危惧種 動物図鑑

SOUTH AMERICA

ガラパゴスゾウガメ
Galapagos tortoise
分布 ガラパゴス諸島固有種
リクガメ科 リクガメ属

ダーウィンの進化論の根拠にもなった、世界最大のリクガメ。ガラパゴス諸島の固有種で、一時は食用や燃料などのために乱獲され絶滅しそうになった。

写真協力 西遊旅行

ガラパゴスリクイグアナ
Galapagos land iguana
分布 ガラパゴス諸島固有種
イグアナ科 オカイグアナ属

体長100〜120cm、食性はウチワサボテンの花や実を好む。人によって移入されたイヌやヤギなどが原因で激減したが、現在は保護対策がとられている。

Encyclopedia

34 Iquitos　Peru
イキトス　ペルー

未開の地、アマゾン熱帯雨林のジャングルで
多種多様な稀少動物たちに出会う

SOUTH AMERICA
南アメリカ

週に一度地上に下りる以外は、多くの時間を木の上で過ごすナマケモノ。ゆっくりとした動きが特徴で、一日の大半は寝ているが、泳ぐと速い

感動体験

**シャッターチャンスがいっぱい
愛くるしい表情に癒されます！**

太陽の光がやわらかな午前、小型ボートでアマゾンを疾走。細い支流へ入ると背の高い樹木が川に迫り出し、秘境感たっぷり。ナマケモノは、そんな樹木の幹にすっかり同化したように、腕をからませてのんびり座っています。たれ目で、ふわふわした姿に目が離せません。滅多に動かないのでじっくり観察できます。

ユーラシア旅行社●齋藤 晃子さん

1 川に生息するピンクイルカ。体は珍しいピンク色で、原始的な特徴を備える。見ると幸せになれるという言い伝えなど、さまざまな伝説がある
2 鋭い歯を持つピラニアは、ほかの魚や小型動物を食べる肉食で、大型の動物でも血液の臭いに反応して襲いかかることもある
3 体が小さく見た目がリスに似たリスザルは、群れをつくって木の上で生活する。木々の間を跳びはねながら、すばしっこく動きまわる
4 アマゾン川の川岸には、サギの群れが羽を休めに集まってくる。ここでは、ほかにもさまざまな鳥類を見ることができる
5 巨大な水草、オオオニバスの葉の群生。直径2mを超えるものもあり、子どもが乗っても沈まないほどの浮力がある。甘い香りのする花を咲かせる

Iquitos Peru

SOUTH AMERICA 南アメリカ

149

野生動物の楽園に暮らす不思議な生き物

Iquitos
イキトス ▶ ペルー

PERU

ココで会える動物たち
ナマケモノ●ピンクイルカ●リスザル●カイマン
トゥッカーノ●マナティー●カピバラ●バクなど

アマゾン川の上流、熱帯雨林の中にある都市。陸路では行けない世界最大の街といわれ、アマゾン観光の拠点となっている。ここからボートやカヌーでアマゾン川をさかのぼり、植物の生い茂る森の奥へジャングルウォークに出かければ、世界で最も多様性に富んだ生き物たちに出会える。

ナマケモノ、カピバラ、バクなどの陸上動物のほか、アマゾン川に棲むピンクイルカやマナティー、ピラニア、鳥類ではトゥッカーノなども観察することができる。夜になれば昼間とは変わり、アナコンダやタランチュラ、カイマンなど夜行性の動物が動きだす。雨季にはアマゾン川の水位は10mも上昇し、景色が一変する。ナマケモノの泳ぐ姿など、普段とは違う動物たちの動きが見られる。

おすすめの旅行シーズン
6〜10月の乾季

高温多湿の熱帯性気候で、雨季には大量の雨が降り、蚊も多くなる。温度は雨季のほうが低く過ごしやすいが、鳥や魚が観察しづらくなるなど、見られる動物も乾季とは異なる。

1	2	3	4	5	6	7	8	9	10	11	12
雨季					乾季					雨季	

COLUMN — Lima
ペルーの首都、リマ

ペルー観光の拠点となることが多いリマは、南アメリカ有数の大都市。太平洋沿岸に位置するため、シーフード料理が豊富で美味。ミラフローレス地区は比較的治安がいい。

ミラフローレスから歩いてすぐの海岸から望む、太平洋へ静かに沈む夕日。周辺にはオシャレなバーなどもある

TOUR INFORMATION

旅の予算 140万円

旅の日程 9泊12日

アクセス & フライト時間 19時間〜

リマ〜イキトス間は便によって所要時間と料金が異なるので気をつけたい。

日本からダラスやマイアミなどアメリカの都市を経由し、リマまで乗り換え時間を含めると21時間ほど。リマから国内線で2時間前後でイキトスに着く。イキトスまで陸路では行くことができない。空路のほかには、船で行く手段もあるが、約43時間かかるので注意。

モデルプラン
高級客船でアマゾンの奥地へ

クルーズ船やボート、カヌーなどでアマゾン川流域を探索し、珍しい動物を見つけよう。ピラニア釣りや先住民の住む集落でのふれあい体験など、イベントにも参加できる。

1日目 日本を出発、アメリカ国内で乗り継ぎ、ペルーの首都リマへ。リマ市内で1泊する。

2日目 リマの歴史地区やラファエル・ラルコ・エレラ博物館などを観光。名物料理も堪能しよう。

3日目 飛行機で**イキトス**へ。さらにアマゾン川上流、船着場がある**ナウタ**の街にバスで向かう。クルーズ船に乗り込み、いよいよアマゾン探検に出発。食事や寝泊まりは船でする。

4〜9日目 ピラニア釣りの体験や、アマゾン川支流に広がる**パカヤ・サミリア国立公園**でのボートクルーズ、ジャングルウォーキング、ナイトツアーなど、大自然のなかで動物観察を楽しもう。ほかにも近くの村を訪問して先住民たちの暮らしぶりを見学する。アマゾンでとれる食材を使った料理も楽しみのひとつだが、最後の夜はとくに、豪華なパーティで盛大に盛り上がろう。

10〜12日目 クルーズ船を下りてイキトスへ向かう。途中**マナティー保護センター**に立ち寄って、マナティーとの触れ合いを楽しみたい。イキトスの高床式住居など街並散策を堪能したら、リマ、アメリカ国内の空港を経て、翌日、日本へ帰国。

【ツアー催行会社】ユーラシア旅行社 ➡P.250
上記は催行されているツアーの一例です。内容は変更される場合があります。

イキトス

- アマゾンの動物の剥製やピンクイルカの模型などが展示されている（マイナス博物館）
- ピューマやカピバラ、バクなどの動物がいるほか、植物園や水族館もある（キストコチャ動物園）

ペルー / PERU

SOUTH AMERICA 南アメリカ

絶滅危惧種 動物図鑑

SOUTH AMERICA

スミレコンゴウインコ
Hyacinth macaw
インコ科　コンゴウインコ属
分布：南アメリカ

翼を広げると1m以上の幅になる、美しい青色をしたインコ類の最大種。つがいか小規模の群れで生活する。鳴き声が大きく、森中に響き渡る。

ゴールデンライオンタマリン
Golden lion tamarin
オマキザル科　ライオンタマリン属
分布：南アメリカ

体長は25〜31cmで、頭頸部の体毛がライオンに見えるのでこの名がある。群れの大人たちがみんなで協力して子育てをする。

Encyclopedia

35　Parque Nacional Manu　Peru
マヌー国立公園　ペルー

熱帯雨林から草原地帯まで
多彩な生態系の生き物が織りなす世界へ

コルパと呼ばれる崖には、色鮮やかなベニコンゴウインコやオウムなどの鳥が、ミネラルを含む土を食べるために群れをなして集まってくる

SOUTH AMERICA 南アメリカ

感動体験

大自然を全身で感じられる大満足のアマゾンクルーズ!

ペルーの国立公園で最大規模を誇るマヌーはアクセスはけっして便利ではありませんが、苦労して行くだけの価値は大いにあります！ありきたりの観光では満足できない方にはぜひおススメしたい場所です。マヌーは大自然と野生動物の宝庫で、とくに色とりどりの美しい鳥類にはうっとり。地球の生命力を感じる、貴重な体験ができました。

ラティーノ●清水 研さん

1	2	
3	4	6
	5	

1 ボートでマヌー川やマードレ・デ・ディオス川などを進むと、川辺や湖に棲む生物に出会える。ベニコンゴウインコはボートからも観察できる
2 ウは大型の水鳥で、水中の魚を捕らえようとやってくる
3 マヌーには大小さまざまの色鮮やかなカエルが生息している
4 ペルーの国鳥、アンデスイワドリ。オスは鮮やかなオレンジ色をした羽と、頭部の毛が特徴的。不思議な動きの求愛ダンスが見られることも
5 長い冠羽を持つツメバケイは、ヒナのときには翼にツメがあるという奇妙な鳥。樹上に群れで生活しており、大きな翼のわりに飛ぶのは苦手
6 絶滅危惧種のオオカワウソは湖周辺で見られる。カワウソのなかでも最大。家族で暮らし、魚類を中心にピラニアやワニまで食べることもある

Parque Nacional Manú Peru

SOUTH AMERICA
南アメリカ

色とりどりの鳥が舞う生物種の宝庫

Parque Nacional Manú
マヌー国立公園 ▶ ペルー

ココで会える動物たち
ベニコンゴウインコ●ジャガー●オオカワウソ
エンペラータマリン●バク●アンデスイワドリ
ブラックタイガー●スパイダーモンキーなど

アマゾン川の源流のひとつ、マヌー川の流域に広がる国立公園。1987年に世界自然遺産に登録された。面積約1万5000km²の広大なエリアには、標高4000mのアンデス山脈までを含み、熱帯雨林から湿原、高原地帯までのさまざまな自然環境のなかに、幅広い相の生物が生息する。鳥類は地球上の約10%、約1000種類が確認されており、なかでもベニコンゴウインコの群れは圧巻。赤や青、緑などカラフルな羽を持ち、体長1mもある大きな鳥で、解毒性のあるアルミニウム成分の土壁を食べに集まってくる。ほかにも、およそ1200種の蝶類、1万5000種の植物など豊富な種類の動植物が見られる。ジャガーやオオカワウソなど絶滅危惧種も数多く住み処にしており、保護のためエリアの約90%は一般人の立ち入りを禁止しいる。

おすすめの旅行シーズン
4〜10月の乾季

ベニコンゴウインコが土を食べにくるのは7〜9月。この時期には動物たちがマヌー川に水を飲みに来る姿も見られる。一年を通して高温多湿だが、雨が続くと気温が下がるので注意。

1	2	3	4	5	6	7	8	9	10	11	12
雨季			乾季							雨季	

COLUMN　Cusco
インカ帝国の遺産・クスコ

ペルー南部の標高約3400mの高地にある都市。インカ帝国の都として栄えた街で、世界遺産に登録されている。スペイン人による征服の歴史もあり、独特の街並が残る。

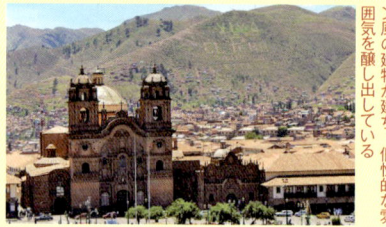

インカ時代の石組みに、スペイン風の建物が建ち、個性的な雰囲気を醸し出している

TOUR INFORMATION

旅の予算 65万円
旅の日程 7泊9日

アクセス & フライト時間
22時間〜

リマからクスコまでは空路で約1時間30分。陸路でも行けるが約22時間かかる。

日本からアメリカの都市を経由し、ペルーの首都リマまで約21時間。リマから国内線に乗り継ぎ、クスコへ向かう。そこから、セスナでボカ・マヌー空港まで30分、陸路でも行けるが9時間かかる。安価だが道が悪いのでおすすめしない。クスコからマヌーまでのツアーも出ている。

モデルプラン
動物観察のポイントを巡る

快適な滞在が楽しめる、ワイルドライフセンターのロッジを拠点に、ボートやジャングルハイクで動物が集まる場所へ。観察小屋などの施設からじっくりと動物を観察しよう。

1日目 日本からはアメリカ国内の空港を経由し、リマへ向かう。リマ市内で1泊。

2日目 飛行機で、世界遺産の街、クスコへ。赤茶色の屋根の建物や石畳の通りなど、街並散策を楽しもう。夜はペルーの郷土料理を堪能したい。

3〜5日目 クスコを出発し、ペルー南東部の都市プエルト・マルドナードでバスに乗り、マヌー国立公園をめざす。バスの中からはさまざまな高山植物や動物が見られる。ボートに乗り換え、公園の奥へ。宿泊するロッジに到着したら、ひと休みし、ジャングル探検に出かけよう。ベニコンゴウインコを目の前で眺められる観察小屋や展望台、遊歩道なども整備されているので、バードウォッチングや動物観察を存分に堪能できる。地上34mのやぐらに上る、キャノピーツアーも体験したい。空中からジャングル全体が見渡せ、鳥たちの飛ぶ姿も間近で見られる。夜は夜行性のバクが集まる見晴らし台へ。

6〜9日目 ジャングル探検を堪能したら、マヌー国立公園をあとにし、プエルト・マルドナードからクスコへ向かう。クスコで1泊し日本へ帰国。リマからアメリカ国内で乗り継ぎ、機内で2泊する。

【ツアー催行会社】ラティーノ ➡P.251
上記は催行されているツアーの一例です。内容は変更される場合があります。

マヌー国立公園

ブラジル / BRAZIL

アルト・プルース国立公園
Parque Nacional Alto Purús

Rio Purús
Rio Yaco
Rio de Las Piedras
Rio Mishahua
Rio de Las Piedras
Rio San Francisco
Rio Lidia
マヌー川 / Rio Manú
Rio Camisea
Fitzcarrald
Rio Los Amigos

ペルー / PERU

マヌー国立公園
Parque Nacional Manú

いくつかのロッジと食堂やバーなどの施設が揃う。周辺には遊歩道もあるので気軽に散策が楽しめる

SOUTH AMERICA

Manú
Boca Manú ✈ ボカ・マヌー空港
Nadal
Yanayacu
Rio Amigallo
ワイルドライフセンター / Wildlife Centre
マードレ・デ・ディオス川 / Rio Madre de Dios
Cruz
Itahuania
Espejo
Shintuya
Boca Colorado
S. José
Burgos
Salvación
Patria
Consuelo

プエルト・マルドナード / Puerto Maldonado

Santa Rosa

パウカルタンボ山脈 / Cadéna de Paucartambo
Rio Paucartambo
Yavero Chico
Lacco
Quellouno
Versalles
Echarate
Coica
Quillabamba
Ocobamba
Mascabamba

パンティアコイラ山脈 / Cadéna de Pantiacoila

Atalaya
Vicabamba
Pillahuata
Challabamba

標高約2400mの山の上にある古代都市で、世界遺産に登録されている

Chaullai
Aquas Calientes
マチュピチュ / Machu Picchu

ウルバンバ山群 / Cordillera Urubamba
ビルカバンバ山群 / Cordillera Vilcabamba

Urubamba
ウルバンバ
Calca
Pisac
Paucartambo
Miga
Unamarca
Mollepata
Limatambo
Moyoc
Anta
サント・ドミンゴ教会
クスコ / Cusco ✈
Salvador
Ocapana
Ocongate
Punquiri
Mazuko
Loromayo
Quince Mil
Huaynapata
S. Gabán
Lanlacuji Bajo

Chinchaypujio
Occopata
Caicai
Urcos
Yanacancha
Marcapata
Cotabambas
Quiquijana
Colcha
Cusipata
Laguna Sibinacocha
Phinaya
Corani
Ollachea
Accha
Acomayo
Antonio Pampa
Tanta Maco

ビルカノータ山群 / Cordillera Vilcanota

インカ時代の精巧な石造技術で造られた石組みが残る。併設の博物館には、当時の出土品が展示されている

0　40km

36 **Rurrenabaque** Bolivia
ルレナバケ　ボリビア

雄大なジャングルに潜む昆虫や、
川辺に集まる動物たちに魅せられる

SOUTH AMERICA 南アメリカ

水辺で戯れるカピバラの親子。カピバラは温暖なアマゾン川流域に生息しており、一日の半分を水中で過ごすという

1	
2	3

1 大きく丸い目が特徴のヨザルは、名前のとおり夜行性。樹上で生活する愛らしいサル
2 南米を代表するカラフルな鳥、トゥッカーノ。ガーガーと太い声で鳴く
3 運が良ければ会えるかもしれないジャガー。水辺を好んで生活し、泳いで魚を捕まえることもある

感動体験

そのままの自然が残る観光地化していないアマゾン

アマゾンはブラジルだけではありません。ルレナバケでは、人間の手つかずの自然と、ここでしか見られない動物や昆虫などが暮らしていて、図鑑でしか見たことのないような動物たちが間近で見られて感動の連続でした！好奇心旺盛なアマゾンカワイルカがボートについてきたり、愛嬌あふれる動物たちと忘れられない時間が過ごせました。

ラティーノ ●清水 研さん

ルレナバケ

- ヤシの木の樹皮と、ハタタの葉で造られた大自然の奥地にあるエコロッジ — チャララン エコ・ロッジ / Chalalan Eco Lodge
- 熱帯雨林を流れている川。アルト・マディディ国立公園を流れている支流は、トゥイチ川と呼ばれる
- ヤクマ川クルーズのゲートウェイとなる街 — サンタ・ロザ / Santa Rosa
- ワイルドライフ・エリア / Wildlife Area
- 2泊3日のパンパツアーが人気。ここでもさまざまな動物たちと会える
- ラパスから空路で向かう場合に利用する — ルレナバケ空港 / Rurrenabaque Airport、San Buenaventura
- ★ ルレナバケ / Rurrenabaque
- アルト・マディディ国立公園 / Alto Parque Nacional Madidi
- ラパス ティワナク遺跡 — Yacumo

地名: Puerto de Tumapasa, Tumapasa, サン・ホセ/San Jose, Chiquipiaya, チャララン湖, トゥイチ川/Rio Tuichi, Puerto Limon, Puerto Salinas, レイエス/Reyes, レイエス空港/Reyes Airport, Raquio, Carmen, Copaiba, Santa Cruza, Tapera Quemada, ボリビア/BOLIVIA, Santo Domingo, Estambul, Buena Esperanza, Yatahuamba, San Borja, San Miguel, ベニ川/Rio Beni, Rio Manique, ヤクマ川/Rio Yakuma, Laguna Yusala

0 20km

カヌーに乗って未開のアマゾン探険へ

Rurrenabaque
ルレナバケ ▶ ボリビア

ココで会える動物たち
カピバラ●アマゾンカワイルカ●トゥッカーノ
カイマン●アナコンダ●カワカメ●ヨザル
タランチュラ●リスザル●ジャガーなど

ボリビアの首都ラパスの北、アマゾンの豊かな自然に囲まれたジャングルの街・ルレナバケ。この街を拠点に、ベニ川とヤクマ川を探検するツアーが盛んだ。街の対岸に広がるマディディ国立公園は、比較的安い料金でアマゾンのツアーが楽しめることで人気。約1万9000km²もの広さを誇るこの公園は世界最大級の自然保護地域であり、多様な生物が生息している。多くの動物が見られると評判なのは、平原を意味する「パンパ」を巡るツアー。カヌーやボートでアマゾン川を移動しながらの動物観察、アナコンダ探しなどが楽しめる。公園内は野鳥や珍しい昆虫のほか、キュートなサルも多く生息する。また、体色が淡いピンクをしたアマゾンカワイルカなど、アマゾン川水系でしか出会えない動物にも注目したい。

おすすめの旅行シーズン
4～10月の乾季

雨季は足元が悪く、バス移動などにも危険をともなうので、おすすめは乾季。6～8月は気温が氷点下になることも。また、一年を通して蚊が多いので、虫よけ対策は万全にしたい。

1	2	3	4	5	6	7	8	9	10	11	12
雨季	雨季	雨季	乾季	乾季	乾季	乾季	乾季	乾季	乾季	雨季	雨季

● COLUMN
アマゾン川でピラニア釣りにチャレンジ

ツアー客に人気のピラニア釣り。牛肉や鶏肉をエサに、ボートの上から釣り糸を垂らす。コツをつかめば、次々にピラニアを釣ることができて面白い。

釣り上げたピラニアはガイドが料理してくれることも。小骨が多いので食べる際には注意

TOUR INFORMATION

旅の予算
73万円

旅の日程
5泊8日

アクセス & フライト時間
22時間～

ラパスからのルレナバケまでの飛行機は、遅延することも多いので注意して。

成田からはアメリカ2都市、もしくは1都市とペルーのリマなどを経由し、ボリビアの首都ラパスに到着する。ラパスからルレナバケまでは空路で約1時間、陸路で約19時間ほどで着く。バスは安価だが道が悪く、「デスロード」と呼ばれる断崖絶壁を通るので、非常に危険。

モデルプラン
伝統的な造りのロッジを拠点に

マディディ国立公園の最奥部にあるチャララン・エコ・ロッジを拠点に、アマゾンに暮らす動物たちを観察する。ラパスやティワナク遺跡の観光も合わせて楽しむ。

1-3日目 日本を出発。アメリカ国内を経由し**マイアミ**へ移動、乗り継ぎのため1泊。2日目にボリビアの首都**ラパス**へ到着。ラパスに宿泊し、3日目に**ルレナバケ**へ出発。ルレナバケ空港から**ベニ川**へ車で移動、ボートに乗り換えて**マディディ国立公園**内の**チャララン・エコ・ロッジ**へ。

4日目 ロッジで朝食後、カヌーに乗って**チャララン湖**上から鳥やサルを見る。スケジュールによって、湖で泳ぐこともできる。夕食のあとはナイトツアーへ出かける。昆虫や小動物を探すハイキングと、夜行性の鳥やカイマンを見に行くカヌーツアーの2種類がある。

5日目 ロッジで朝食後、ベニ川の支流、トゥイチ川からボートでルレナバケへ向けて出発、さらに飛行機でラパスへ移動。市内のレストランで昼食をとり、ホテルにチェックイン後はゆったり過ごす。夕食はホテルのレストランで。

6-8日目 午前中はラパスからバスで1時間ほどの距離にある**ティワナク遺跡**を見学。午後はラパス市内を観光し、夜の便でマイアミへ向けて出発する。7日目にマイアミから**ダラス**を経由して、日本へ帰国する。

【ツアー催行会社】ラティーノ ➡P.251
上記は催行されているツアーの一例です。内容は変更される場合があります。

BOLIVIA

SOUTH AMERICA 南アメリカ

37 Pantanal Conservation Area　Brazil
パンタナール自然保護地域　ブラジル

恵み豊かな雨季と、厳しい乾季が生み出す
世界遺産の大湿原と個性あふれる動物

パンタナールの代表的な動物といえばカイマン。ワニのなかでは比較的穏やかな性格で、体長は最大で2m程度とあまり大きくない

SOUTH AMERICA 南アメリカ

感動体験

愛嬌バツグンのトゥッカーノとの出会いは早朝がおすすめ

騒がしい鳴き声をたどると樹上に群れを発見。双眼鏡を覗くと、大きく曲がった鮮やかな黄色のくちばしや愛嬌たっぷりのクリクリした青い目もはっきり見えました。弱肉強食のジャングルにはまったく似合わないアイドル的な雰囲気に早朝の眠気も一気に吹き飛びます。活動が活発な早朝に見晴らしのいい樹上を探すのがポイントです。

ユーラシア旅行社●上田 晴一さん

	1	
2	3	4

1 水辺でのんびりと過ごすカピバラの群れ。天敵が襲来したときは水の中へと逃げて、得意の泳ぎで回避する
2 トゥッカーノの大きなくちばしは、鮮やかなオレンジ色が美しい。パンタナールの広い草原では、高い木の上に止まっている姿を見かける
3 トゥユユはコウノトリ科の鳥で、体長は約1.2mほどにまで成長する。たいてい、つがいで行動しており、魚などを捕って食べている
4 熱帯の湿地では、カイマンをはじめとしたこの土地特有の動物に会える。植物や鳥類も珍しいものが多く生息しているので、注目したい

Pantanal Conservation Area Brazil

SOUTH AMERICA 南アメリカ

世界最大規模の湿地がはぐくむ多彩な生命

Pantanal Conservation Area
パンタナール自然保護地域 ▶ ブラジル

ココで会える動物たち
カイマン●カピバラ●トゥッカーノ●トゥユユ
オオアリクイ●クロホエザル●タテガミオオカミ
ジャガー●イエローアナコンダ●ピラニアなど

BRAZIL

パンタナールは、世界最大の湿原として知られる、南アメリカ中央部の氾濫原。日本の本州と同じ規模の広さを誇る熱帯性湿地だが、その一部のパンタナール自然保護地域が2000年、ユネスコの世界遺産に登録された。雨季は大量の降雨によって河川があふれ、草原のほとんどが水没する。また、乾季が進むと、湿地の大半が干上がり、水場を求めて移動する動物たちが見られる。この洪水と乾燥が繰り返される特異な環境下で暮らす哺乳類は約95種、爬虫類は約160種、魚類は約300種、鳥類は約650種といわれる。おっとりした雰囲気のカピバラや、ブラジルを象徴する鳥として知られるトゥッカーノのほか、オオアリクイ、カイマン、ジャガーなど多様な動物たちに会うことができる。

TOUR INFORMATION

旅の予算
要問い合わせ

旅の日程
8泊12日

アクセス & フライト時間
25時間〜
広大な敷地のため、観光の拠点が北側か南側かによって利用する空港が異なる。

成田から北パンタナールの拠点となるクイアバまではアメリカの都市2つ、または1つとサンパウロなどを経由する必要がある。乗り換え時間含め、所要時間は約30時間以上。南パンタナールに行く場合はカンポ・グランジを拠点にすることになる。サンパウロからバスを利用する方法もある。

モデルプラン
巨大湿地と白砂漠を巡る

パンタナールの雄大な自然と、レンソイスの絶景を遊覧飛行で満喫する贅沢なプラン。躍動する動物たちの姿や、神秘的な光景に感動必至の旅になる。

1日目	日本を出発、アメリカおよびブラジルの都市で乗り継ぎ、クイアバへ。この日は機中泊。
2-3日目	夕方頃にバスでクイアバを発ち、北パンタナールへは夜に到着。3日目の早朝、朝日観賞を楽しんだら、世界最大の湿原へ。サファリで多くの動物のいきいきとした姿を間近に見る。
4-7日目	北パンタナールで朝食後、バスでクイアバへ戻る。午後の飛行機でカンポ・グランジに移動。5日目は南パンタナール観光のあと、水の楽園と呼ばれるボニートへ向かう。6日目はシュノーケリングやボートで終日、ボニート観光を満喫。7日目の朝、バスと飛行機を乗り継ぎ、bブラジル北東部のサン・ルイスをめざす。
8-9日目	午前中はレンソイス・マラニャンセス国立公園上空の遊覧飛行で白砂漠の大パノラマを見る。バヘーリーニャスに2泊。9日目は近郊の漁村やレンソイス・マラニャンセス国立公園を観光。
10-12日目	朝食後、バスでサン・ルイスへ戻る。午後、空路で帰国の途へ。ブラジルまたはアメリカの都市で乗り換え、機中泊。日付変更線を通過し、12日目の午後に日本へ到着する。

おすすめの旅行シーズン
7〜10月の低水位の時期

一年を通してさまざまな動物に会えるが、一般的にベストシーズンとされるのは水位が下がる7〜10月頃。しかし、この季節のブラジルは冬なので、防寒対策を忘れないように。

1	2	3	4	5	6	7	8	9	10	11	12
雨季				乾季						雨季	

COLUMN
Bonito
清流の街・ボニートでエコツーリズム

パンタナール周辺でぜひ立ち寄りたいのは、青の湖の洞窟や、透明度の高い川など自然の美しさが堪能できるボニート。環境保護のためツアー参加でのみ観光が楽しめる。

妖艶な美しさを持つ青の湖の洞窟。差し込んだ光が屈折することで、神秘的な青さを生む。

【ツアー催行会社】ユーラシア旅行社 ➡P.250
上記は催行されているツアーの一例です。内容は変更される場合があります。

パンタナール自然保護地域
北パンタナールの玄関口
フランセスの洞窟
Caverna do Francés
R. Manso au das Mortes
サン・ルイス
Primavera do Leste
Varzea Grande
クイアバ
Cuiabá
S. Vicente
Dom Aquino
ブラジリア
Poxoréo
Sto. Antônio de Leverger
Porto Esperidião
Jaciara
カセレス
Cáceres
Formiga
北パンタナール
Pto. de Fora
Juscimeira
Pocone
マトグロッソ州
MATO GROSSO
R. Cuiaba
ロンドノポリス
Rondonópolis
Joselandia
R. Paraguai
R. S. Lourenco
パンタナール自然保護地域
Pantanal Conservation Area
Faz. Sta. Lúcia
Pto. Jofre
Ret. Baia Grande
パンタナール・マトグロッソ
国立公園
Parque Nacional do
Pantanal Matogrossense
マトグロッソ湿地帯
Pantanal Matogrossense
Bonfim
R. S. Lourenco
サン・ローレンソ湿地帯
Pantanal do São Lourenco
Pedro Gomes
SOUTH AMERICA
南アメリカ
Promissão
ボリビア
BOLIVIA
Coxim
タクアリ湿地帯
Pantanal do Taquari
Rio Verde de Mato Grosso
Puerto Suárez
Ladário
コルンバ
Corumbá
リオ・ネグロ湿地帯
Pantanal do Rio Negro
パンタナールに
面する観光の街
マトグロッソ・ド・スル州
MATO GROSSO
DO SUL
Rio Negro
Campapuã
R. Negro
R. Aquidauana
Rochedo
南パンタナール
南パンタナールの玄関口
Puerto Bahia Negra
Miranda
カンポ・グランジ
Campo Grande
Aquidauana
Terenos
サンパウロ
Bodoquena
Anastácio
ブラジル
BRAZIL
Sidrolândia
Fuerte Olimpo
ボニート
Bonito
パラグアイ
PARAGUAY
透明度の高い川でアク
ティビティが楽しめる
Jardim
Nova Alvorada
N
Maracaju
Rio Brilhante
0
60km

38 Parque Nacional Torres del Paine Chile
トレス・デル・パイネ国立公園 チリ

荒々しく削られた巨大な自然の地は、
強風も受け止める力強い野生動物の宝庫

SOUTH AMERICA 南アメリカ

グアナコは、リーダーのオスを中心に最大10頭のメスとその子どもで群れをつくり生活する

感動体験

険しいアンデスの山岳風景に溶け込む穏やかな姿が印象的

「何かいる！」叫び声と同時に周辺を見渡すと、一斉に首を上げてこちらを警戒するグアナコの群れと遭遇。長いまつ毛とやさしい黒目の一頭と目が合いました！強風吹きすさぶ険しい山岳地帯ですが、グアナコがいる一帯は穏やかな雰囲気。天敵のピューマを警戒しているので、見晴らしの良い山麓の草原地帯が観察ポイントです。

ユーラシア旅行社●上田 晴一さん

1	2	4
	3	
	5	

1 グアナコの毛はカシミヤの最高級品より軽く、保湿性に優れているため、高品質の天然繊維原料となる。しなやかさと美しい光沢が魅力

2 キツネは公園内の野生動物のなかでは比較的遭遇率は高い。愛らしいしぐさで観光客をなごませている

3 体長約2m。リャマ、アルパカ、ビクーニャと同じラクダの仲間のグアナコは、主に南アメリカの高地に生息している

4 背景に見える3本の塔のようなものは、公園の名前ともなった岩峰。スペイン語でトレスは塔、パイネは青という意味。この岩峰を望むトレッキングが人気

5 グアナコの血液は人間の4倍の濃度のヘモグロビンを含むため、空気の薄い海抜4000mの高地でも生息できるといわれている

Parque Nacional Torres del Paine Chile

SOUTH AMERICA
南アメリカ

歩けば出会える野生動物の宝庫

Parque Nacional Torres del Paine
トレス・デル・パイネ国立公園 ▶ チリ

CHILE

ココで会える動物たち
グアナコ●ニャンドゥ●マーラ●ウサギ
キツネ●スカンク●コンドル●フラミンゴなど

パタゴニア地方の南部にある総面積約24万haの自然公園には、世界中から多くの人がトレッキングに訪れている。世界3番目の規模のペリト・モレノ氷河や、山々を映す美しい湖などの大自然を堪能し、さまざまな動物を観察できるのが人気の理由だ。

年間を通じて気温は低く、強風が吹き荒れる厳しい気象環境にもかかわらず、この地には数多くの野生動物が生息している。代表的なのはラクダの仲間であるグアナコで、乱獲により絶滅も危惧されたが、保護により近年数は増えつつある。ほかにもダチョウの仲間のニャンドゥ、パタゴニア固有種のマーラ、キツネやウサギ、そしてフラミンゴをはじめとする180種類以上の鳥類が生息。運が良ければコンドルを見ることもできる。

おすすめの旅行シーズン
11〜5月の夏季

ベストは1〜2月の真夏だが、最高気温は10〜15℃程度で、強風も吹きつけるため体感温度は低い。6〜10月の冬季は日が短く、交通機関もほとんど機能しないので注意。

1	2	3	4	5	6	7	8	9	10	11	12
夏	夏	秋	秋	秋	冬	冬	冬	冬	冬	春	夏

COLUMN
美しい公園をトレッキング

公園内のトレッキングルートは250kmも整備されており、すべてのルートを歩くには、10日以上かかるそう。上級者には3つの見どころを巡る「Wコース」が人気。

初心者向け、クエルノス展望台へのルート。冬間近の4〜5月頃は、美しい紅葉も見られる

TOUR INFORMATION

旅の予算	旅の日程
78万円	9泊13日

アクセス & フライト時間
30時間〜
日本から国立公園まで、乗り継ぎ時間を含めるとおよそ45時間と、長旅になる

日本から北アメリカの都市と、ブエノスアイレスで乗り継ぎ、アルゼンチンの都市カラファテへ。乗り継ぎ時間を含めると、ここまで約37時間。カラファテからトレス・デル・パイネ国立公園の入場ゲートまでは、レンタカーかツアーバスで国道40号線を南下。6時間程度で到着する。

モデルプラン
短期間でパタゴニアを大縦断

トレス・デル・パイネ国立公園を一日たっぷり観光できるほか、氷河クルーズや世界最南端の街を散策するなど、この地方ならではの楽しみが充実。移動中の景色も見逃せない。

1-4日目 日本からアメリカ、南米内の都市で乗り継ぎ、パタゴニア南西部にあるエル・カラファテへ。3、4日目はロス・グラシアレス国立公園を観光。ペリト・モレノなどの氷河クルーズも楽しむ。

5-6日目 朝、バスでトレス・デル・パイネ国立公園へ。夜は公園内のホテルに宿泊。6日目は国立公園内をハイキング。途中、グアナコなどの野生動物や、迫力ある景色が見られる。

7日目 朝、バスでマゼラン海峡に面したチリ南端の街、プンタ・アレーナスへ。途中、野生ペンギンのコロニーも見られる。午後から市内観光。

8-9日目 朝、フェリーに乗ってフエゴ島へ。そこからバスで世界最南端の都市、ウシュアイアへ向かう。9日目はウシュアイアにあるティエラ・デル・フエゴ国立公園で、珍しい動植物が観察できる。公園内を走る観光列車、「世界の果て号」に乗車し、車窓からの美しい風景を楽しむ。

10-13日目 午前、飛行機でアルゼンチンの首都ブエノスアイレスへ。到着は夜。11日目は大聖堂やコロン劇場を訪ねる市内観光。深夜、飛行機でアメリカの都市へ向かい、日本帰国便に乗り継ぐ。

【ツアー催行会社】ユーラシア旅行社 ➡P.250
上記は催行されているツアーの一例です。内容は変更される場合があります。

トレス・デル・パイネ国立公園

地図の注記

- **アンデス山脈** Andes Mountains
- **チリ** CHILE
- **アルゼンチン** ARGENTINA
- **南アメリカ** SOUTH AMERICA

主な地名・見どころ

- ペリト・モレノ氷河 Perito Moreno Glacier
  - 氷河の融解、再氷結のサイクルが早く、「生きている氷河」と呼ばれる
- ロス・グラシアレス国立公園 Parque Nacional Los Glaciares
- ペリト・モレノ氷河展望台
- ペリト・モレノ Perito Moreno
- Puerto Bandera
- エル・カラファテ El Calafate
- Lago Loca
- ウィルコック半島 Penin. Wilcock
- トレス・デル・パイネ国立公園 Parque Nacional Torres del Paine
- L. Dickson
- Torre Norte
- トレス・デル・パイネ Torres del Paine
  - この公園を象徴する3つの岩峰
- トレス・デル・パイネ展望地
- Torre Central
- Torre Sur
- Mte. Almirante Nieto
- トレッキング「Wコース」
  - トレス・デル・パイネ展望台やフランセス渓谷、グレイ氷河など主要な見どころを「W字」にまわる
- L. Pingo
- グレイ湖 L. Grey
- アマルガ湖 L. Amarga
- アマルガ湖公園管理事務所
- L. Sarmiento
- 公園管理事務所本部
- L. Verde
  - 公園の入口のひとつ。ここで入場料を払う
- トロ湖 L. del Toro
- Cerro Castillo
- Rio Serrano
- Co. Balmaceda
- セラーノ氷河 Serrano Glacier
- Penin. Staines
- ピアッツィ島 Is. Piazzi
- アントニオ・バラス半島 Penin. Antonio Varas
- Penin. Roca
- ミロドンの洞窟 Cueva del Milodón
- Rio Turbio
- プエルト・ナタレス Puerto Natales
  - トレス・デル・パイネ国立公園の玄関口といわれる街
- レンネル島 Is. Rennel
- G. Almte. Montt
- L. Anibal Pinto
- Seno Union
- プンタ・アレーナス

N 0 20km

SEA CREATURES
海の生き物たち!!

分布 千島列島、アラスカ、カリフォルニアなどの北太平洋沿岸

ラッコ
Sea Otter

体長約130cm、体重約40kgと、海の生き物で最も小さな哺乳類。エサはウニや貝類などで、胸部にのせた石で貝殻を割って中身を食べる。道具を使う稀少な動物だ。また、高密度の毛皮は1cm²あたり15万本もの毛が生えており、その保温性は群を抜く。

39 Monterey Bay National Marine Sanctuary
モントレー湾国立海洋自然保護区　アメリカ　MAP P.114

カリフォルニア州、サンフランシスコから南に200km、モントレー湾は自然が生んだ「奇跡の海」と称され、都会の近くにありながら、哺乳類、鳥類、魚類など多種多様な野生動物が生息している。世界でも有数のラッコの生息地としても知られ、現在、約3000頭が暮らしている。ジャイアントケルプという海藻の密生地にたくさんの魚介類が集まり、その魚介類をエサとするラッコなどの哺乳類が住み着いた。ボートで近づくこともでき、運が良ければラッコの大群が見られる。

おすすめの旅行シーズン
3～11月の春～秋

カリフォルニアの海岸エリアは一年中比較的温暖で、厳しい寒さや猛暑に見舞われることはない。冬は雨が多いが、そのほかの季節は湿度も低く快適だ。モントレー湾では、ラッコやアシカ、クジラなど一年中動物ウォッチングが楽しめる。

1	2	3	4	5	6	7	8	9	10	11	12
冬	冬	春	春	春	夏	夏	夏	秋	秋	秋	冬

USA

TOUR INFORMATION

旅の予算
15万円〜

旅の日程
4泊6日〜

アクセス & フライト時間
9時間〜　日本から直行便で約9時間、サンフランシスコ国際空港へ到着する。

日本から昼過ぎ〜深夜出発の直行便があり、到着時刻は同日の午前中、もしくは前日の夕方。フライト時間は往路約9時間、復路は11時間かかる。サンフランシスコからモントレーまでは車で約2時間。レンタカーが便利。

気持ちよさそうにプカプカ漂う姿が愛くるしい。寝るときは流されないよう海藻を体に巻き付ける

モデルプラン
サンフランシスコ観光とセットで

サンフランシスコを旅の拠点とし、レンタカーを借りてモントレー湾まで足を延ばす。モントレー湾水族館などを巡るバスツアーもあるので利用するとよい。

1日目 日本から**サンフランシスコ**へ。ホテルに荷物を置いたら**ゴールデン・ゲート・ブリッジ**などを見にドライブへ出かける。

2日目 朝、レンタカーで**モントレー湾**へ向かう。**モントレー湾国立海洋自然保護区**に着いたら、カヤックで野生のラッコやアシカに近づいてみよう。この日はモントレーのホテル泊。

3日目 午前中、**モントレー湾水族館**へ向かう。モントレー湾で暮らす動植物を中心につくられた、大規模な水族館の見学にはゆっくり時間をとりたい。夕方、サンフランシスコに戻りホテルへ。

4日目 午前中**フィッシャーマンズワーフ**にある港からフェリーで**アルカトラズ島**へ。かつての刑務所を見学、午後はフィッシャーマンズワーフでおみやげ探し。夜はシーフードを堪能しよう。

5-6日目 午後にサンフランシスコを発ち、直行便で翌日の昼過ぎ〜夕方に日本に着く。夜の便なら、**フェリー・ビルディング・マーケットプレイス**などで出発までの時間を過ごすとよい。

SEA CREATURES 海の生き物たち!!

COLUMN　Monterey Bay Aquarium
隣接するモントレー湾水族館もおすすめ

海洋環境の保護をテーマにした水族館で、年間およそ200万人が訪れるという大人気スポット。モントレー湾で暮らす動物たちの暮らしぶりを垣間見ることができる。

全長6mにも及ぶジャイアントケルプ(巨大コンブ)が見られる水槽は必見

> 分布 太平洋沿岸、オーストラリア、ニュージーランド

アシカ
Sea Lion

知能が高く、水族館のショーでも花形になるアシカ。魚が主食で、群れをつくって生活している。バジェスタス島に生息するのはおもにオタリアという種類で、一般的なアシカ科のカリフォルニアアシカに比べてひと回り体が大きい。

40 Ballestas Islands
バジェスタス島　ペルー　MAP P.139

　南米ペルーのパラカス半島沖に位置し、「リトル・ガラパゴス」とも呼ばれる動物たちの楽園。パラカスから発着するボートツアーで訪れる。上陸はできないが、手つかずの自然が残る島の周りをボートで周遊すると、主役であるオタリア、ペルーペリカンやペルーカツオドリといった海鳥、そして愛らしいフンボルトペンギンたちに出会うことができる。近年、個体数が減った生き物たちを守るため、観光客の島への上陸を全面的に禁止するなど、環境保護に力が注がれている。

おすすめの旅行シーズン
10～6月の春～秋

ペルーは海岸地帯のコスタ、山岳地帯のシエラ、森林地帯のセルバの3つの地域に大別できる。バジェスタス島を含むコスタは、年間を通してほとんど雨が降らない。冬は海流の関係で霧が発生しやすいため、春～秋がおすすめ。

1	2	3	4	5	6	7	8	9	10	11	12
夏						秋			冬		春

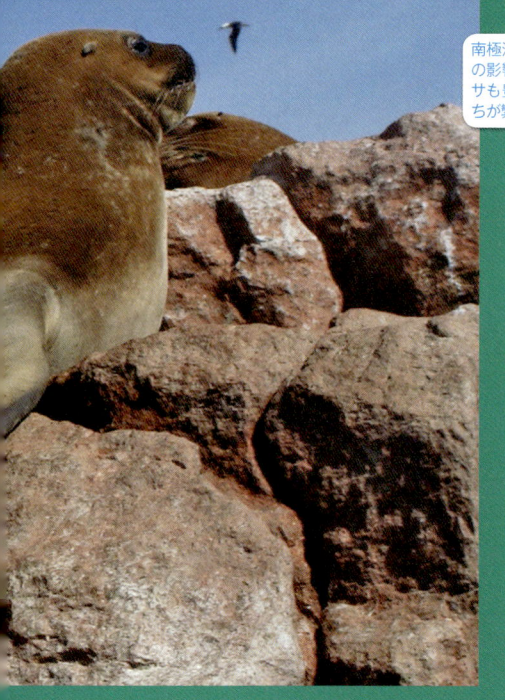

TOUR INFORMATION

PERU

旅の予算	旅の日程
44万円	4泊7日

アクセス & フライト時間

18時間〜 日本から約12時間、アメリカの都市で乗り継いで、リマまで約6時間

日本からの直行便はないので、北アメリカの都市で乗り継ぎ、リマのホルヘ・チャベス国際空港へ。乗り継ぎ時間を含めると、リマまで約20時間。バジェスタス島行のクルーズ船が出るパラカスまで、車で4時間程度。

南極海から流れ込む寒流の影響で水温が低く、エサも豊富なため、動物たちが繁殖できる

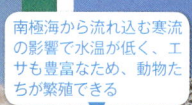

モデルプラン
地上絵と動物の楽園を訪ねる

動物の楽園「バジェスタス島」のほか、砂漠のオアシス「ワカチナ」や古代の神秘「ナスカの地上絵」を訪れる。1組で日本語ガイドと専用車を貸し切るプライベートな旅。

1日目 午後、日本を出発。日付変更線を越えて北米都市で乗り継ぎ、深夜**リマ**のホルヘ・チャベス国際空港に到着。ホテルへ。

2日目 午前、パンアメリカンハイウェイを一路**ナスカ**に向けて南下。途中、**イカ**にある砂漠のオアシス**ワカチナ**に立ち寄る。車窓には荒涼とした砂漠地帯と太平洋が広がる。夕方、ナスカ着。

3日目 午前、小型機で**ナスカの地上絵**を観覧。水路の遺跡やミラドール(地上絵観測塔)など、地上からもナスカ文化の痕跡を探る。その後、専用車にて**パラカスへ**。夕方、パラカス着。

4日目 午前、ボートにて**バジェスタス島**をクルージング。オタリアやフンボルトペンギンなどを観察できる。途中、砂漠に残された**カンデラブロの地上絵**も観覧。午後、専用車でリマへ。

5〜7日目 終日、リマにてフリータイム。ホテルの部屋は出発まで利用できる。各種オプショナルツアーもアレンジ可能。夜、空港へ。深夜便にて北米都市に向け出発。日本帰国便に乗り継ぐ。

【ツアー催行会社】風の旅行社 ➡ P.251
上記は催行されているツアーの一例です。内容は変更される場合があります。

SEA CREATURES, 海の生き物たち!!

COLUMN — Candelabro
パラカス半島、謎のカンデラブロ

パラカスの砂漠地帯には、カンデラブロ(燭台)と呼ばれる地上絵が残されている。一説によるとナスカの地上絵よりもさらに古い時代のものらしいが、真相は定かではない。

カンデラブロの地上絵はバジェスタス島に渡る船の上から観覧できる

オサガメ
Leatherback Sea Turtle

分布 大西洋、太平洋、インド洋などの熱帯・温帯の海域

甲羅の長さは約1.2～1.8mで、人間の身長ほど。カメの仲間では世界最大。ウミガメのように甲羅は発達していない。おもに亜熱帯の海に多く生息するが極地でも観測されている。クラゲをエサとし、1000mの深海まで潜れるのが特徴。絶滅危惧種。

41 Grande Riviere
グランド・リビエール　トリニダード・トバゴ　MAP P.139

トリニダード・トバゴはカリブ海を囲む島々の南端にあり、トリニダード島とトバゴ島からなる。トリニダード島の北東部、グランド・リビエールにある浜に4～6月になるとオサガメが産卵にやってくる。多いときには、わずか1kmほどの浜が300頭ものオサガメで埋め尽くされ、世界でも有数の産卵地といわれている。産卵には浜辺の奥行が比較的浅く、浜からの海底が急勾配な砂地が選ばれる。1回におよそ100個の卵を産み、5～7週間かかって孵化したあと子ガメたちは海へと旅立つ。

おすすめの旅行シーズン
4～6月の産卵期

4～6月は乾季が終わり雨季に移る境目の季節。この時期オサガメは産卵をする。なかでも5月は産卵に出会える確率が高い。時間は20:00以降のほうが可能性が大きくなる。観察は専門ガイドの指示に従い、単独で浜を歩くことは禁止。

1	2	3	4	5	6	7	8	9	10	11	12
乾季						雨季					乾季

TRINIDAD AND TOBAGO

TOUR INFORMATION

旅の予算	旅の日程
55万円〜	6泊8日〜

アクセス & フライト時間
20時間〜

日本からニューヨークまでは約13時間、ポート・オブ・スペインまでは5時間ほど。

トリニダード・トバゴの首都、ポート・オブ・スペインへ向かうには、トロントやニューヨークなどを経由する必要があり、乗り換え時間も含めると最低でも丸1日かかる。オサガメのいるグランド・リビエールは北東部に位置する。

深さ70cmほどの穴を掘り産卵。繁殖期には約10日ごとに4〜7回、一年に計450〜600の卵を産む

モデルプラン
オサガメの産卵に感動

オサガメの産卵の観察は夜。出会えるチャンスは2日ある。ハイキングやバードウォッチングなど、トリニダード島のエコツアーや首都ポート・オブ・スペインの観光を楽しむ。

1日目 日本を出発し、日付変更線を通過。アメリカの都市で乗り継ぎ、トリニダード・トバゴの首都ポート・オブ・スペインに深夜着。

2日目 首都の見どころを観光し、異国情緒漂う街を散策。カロニー・バード・サンクチュアリでは花が咲いているように飛び交うスカーレットアイビスの美しい姿を観賞する。

3-4日目 グランド・リビエールへ移動。2日間滞在。夜はライセンスのあるガイドに従って、ビーチでオサガメの産卵シーンを観察する。ほかにオサガメの保護活動の一端を体験したり、マトゥーラ滝へのハイキングなどを楽しむ。

5日目 アリマのASAライティング・ネイチャー・センターでバードガイドとともにバードウォッチング。150種もの鳥たちを観察。

6-8日目 アリマからポート・オブ・スペイン空港へ向かい、往路と同じアメリカの都市へ。着後、ホテルへ。7日目は宿泊したホテルから空路で日本へ向かう。8日目の午後、日本に着く。

【ツアー催行会社】ism ➡ P.250
上記は催行されているツアーの一例です。内容は変更される場合があります。

SEA CREATURES 海の生き物たち!!

COLUMN
赤ちゃんガメが海に向かう姿が健気

孵化したオサガメの赤ちゃんは、仲間の卵が全部、孵化し終えるまで砂の中で5日間ほど待ってから、一斉に海へと向かう。海に入ると少なくとも6日間は泳ぎ続ける。

海に入る前にほかの動物に襲われないよう、赤ちゃんたちは闇に紛れて海へ急ぐ

●分布 熱帯沿岸全域

マダラトビエイ
Spotted Eagle Ray

一般的に体の幅は約1.5〜2m（最大約3m）、白い腹部と黒地に白の斑点模様の背面、吻（ふん）と呼ばれる体の先端にある突起が特徴。海底にいる貝や魚が主食で、吻を海底に押しつけて獲物を探す。昼行性で警戒心が強く、普段は群れをなして活動している。

42 Icecream
アイスクリーム　サイパン　MAP P.221

　ガラパンから南南西の方角、ボートで約20分の沖合にあるダイビングスポット。水深が最も深いところで18mと比較的浅く、海水の透明度も高い。海底には半球型のサンゴの根があり、その形がコーンの上にのっているアイスクリームに似ていることから、この名がついた。サンゴの周辺には、さまざまな生物が集まり、ほかの魚に付着する寄生虫などを食べるホンソメワケベラのような魚に体をきれいにしてもらうため、マダラトビエイが訪れる。

おすすめの旅行シーズン
11〜3月の乾季

年間を通して潮の流れが穏やかな海域のため、通年ダイビングでき、マダラトビエイを見ることが可能だが、11〜3月が数多く見られる可能性が高い。また、季節風が収まり潮の流れが弱くなる6〜9月がダイビングのベストシーズンとなる。

1	2	3	4	5	6	7	8	9	10	11	12
乾季			雨季							乾季	

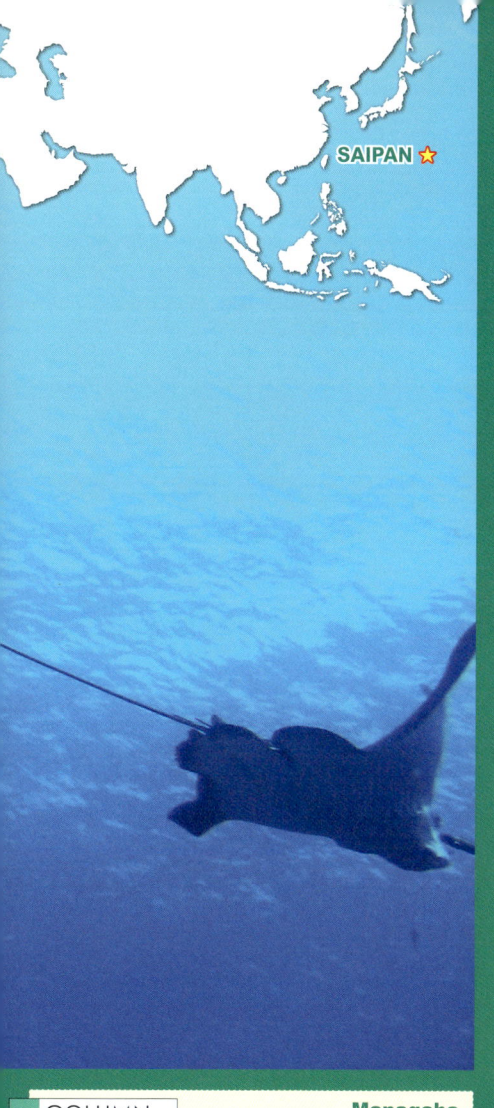

TOUR INFORMATION

旅の予算	旅の日程
16万円〜	3泊4日〜

アクセス & フライト時間
3時間30分〜 成田からサイパンへは直行便で約3時間30分。

日本からサイパン国際空港へは、1日2便、直行便が運航している。サイパン島最大の市街地ガラパンは、サイパン国際空港から5kmほど北にあり、車で約30分で行くことができる。

> ガラパンにあるマイクロビーチは、1日7回、海の色が変わるといわれるほど、多彩な景色を見せる

モデルプラン

海の魅力を感じるアクティブ旅

海の生物に出会えるスキューバダイビングや、マニャガハ島でのマリンアクティビティなど、コバルトブルーの海をとことん楽しみ尽くす。

1日目 昼過ぎにサイパン国際空港に到着。ホテルの送迎バスに乗り、拠点の街ガラパンにあるホテルに向かう。ホテル到着後は、明日のダイビングに備え、早めに就寝。

2日目 午前中からお昼過ぎにかけて、マダラトビエイの集まるダイビングスポット**アイスクリーム**でスキューバダイビング。いちばんの目的はマダラトビエイの大群だが、サンゴに群がる色とりどりの魚が泳ぐ姿も堪能する。

3日目 日中はサイパンの離島マニャガハ島で過ごす。体にパラシュートを装着し、モーターボートで引っ張ってもらう空を飛ぶパラセイリングやバナナボートなどのマリンアクティビティに挑戦。シュノーケリングも楽しめる。

4日目 午前中、ガラパンの街なかの散歩や、ショッピングセンターでおみやげを購入するなど、ガラパン観光を楽しむ。お昼頃にホテルに戻り、荷物をまとめてチェックアウト。バスで空港に向かい、夕方出発の便で日本へ帰国する。

COLUMN — Managaha

離島の絶景ビーチ、マニャガハ島

サイパン島の西側約2kmの沖合にあるマニャガハ島は、島自体が国立公園に指定されているが、数々のマリンスポーツができ、サイパン旅行で人気のスポットとなっている。現地の各旅行社が、マニャガハ島のさまざまなツアーを催行している

SEA CREATURES — 海の生き物たち!!

写真協力：マリアナ政府観光局

> **分布** 熱帯、亜熱帯、温帯の全海域

ジンベエザメ
Whale Shark

世界最大の魚類で長さは7〜12m。体の模様が甚平に似ている。性格はおとなしく、動きも緩慢で、大きな体のわりにはオキアミや小魚、サンゴの卵などをエサとする。フカヒレが食材として極上品とされるため乱獲されたが、美ら海水族館などでの飼育例がある。

43 Oslob
オスロブ　フィリピン　MAP P.221

フィリピン、セブ島南部にある小さな街。ジンベエザメが出現したことで、突然有名になった。2011年の秋には餌づけに成功。以来、オスロブはジンベエザメ・スポットとして世界に知れ渡ることになり、世界中からダイバーたちが集まるようになった。地元の漁師たちが餌づけをしているとはいえ、ほぼ100％の確率で遭遇でき、しかもダイビングで見ることができるスポットは世界でも稀少。餌づけには賛否あるが、間近で、巨大なジンベエザメが群れをなす姿は迫力満点だ。

おすすめの旅行シーズン
11〜5月の乾季

ダイビングは通年楽しめるが、海が荒れたり北風が吹いたりするとダイビングができないこともある。また雨のあとは海が濁り透明度が落ちる。ジンベエザメは水温が上がる昼頃には姿を消すので、早朝に潜るほうが遭遇率が高い。

1	2	3	4	5	6	7	8	9	10	11	12
乾季					雨季					乾季	

PHILIPPINES

TOUR INFORMATION

旅の予算	旅の日程
10万円〜	**3泊4日〜**

アクセス & フライト時間

5時間30分〜 セブ〜オスロブ間をバス利用の場合は、本数が少ないので事前に要確認。

日本からセブまでは直行便が出ており、5時間20分で到着する。セブからオスロブまではレンタカーのほかタクシーや市内から発着しているバスでも移動可能。3〜4時間ほどかかるので、朝一に出発するのがおすすめ。

> ジンベエザメは、ビーチからたった10m先の場所で、シュノーケリングで間近に見ることができる

モデルプラン

セブ島の海をとことん満喫！

空港のあるマクタンのリゾートに宿泊し、セブ島でダイビング三昧に浸る。マクタンでボートダイブを楽しみ、オスロブではジンベエザメ・ダイビングを体験する。

1日目 日本から直行便、またはマニラ乗り継ぎで**セブ島**へ。添乗員は付かないので現地に着くまでは同行者なし。マニラでの乗り継ぎが不安なら直行便を選ぶとよい。空席状況によるが、予約時に選択可能。セブ島到着後、送迎車でマクタンエリアのホテルへ。

2日目 宿泊先のリゾートホテルがある**マクタンエリア**のダイビングスポットでボートダイブを3本。魚の種類も多彩でバラエティ豊かなセブ島の海を堪能する。

3日目 マクタンから**オスロブ**へ移動。所要約2時間。朝の出発が4:00と早いが、ジンベエザメ・ダイビングを朝食を挟んで2本楽しむ。入海料として3000ペソを現地で支払う。午後はマクタンでのんびり過ごす。

4日目 朝食後、送迎車にて空港へ。往路と同様、空席状況によるが、セブ島〜日本への直行便またはマニラ乗り継ぎ便のどちらかを予約時に選択可能。午前の直行便を利用する場合は、朝食をとる時間はない。日本到着後、解散。

【ツアー催行会社】エス・ティー・ワールド ➡ P.251
上記は催行されているツアーの一例です。内容は変更される場合があります。

SEA CREATURES 海の生き物たち!!

COLUMN　　　Liloan
美しい魚を見るなら、リロアンで

セブ島最南端にあるリゾートで、ダイバーには垂涎の海洋生物のパラダイス。サンゴ礁はもちろんだが泥地もあり、さまざまな魚の生態が観察できる。

リゾートの目の前にあるハウスリーフで、魚たちと戯れるダイバー至福の時

写真協力 KENTARO HOSODA

> **分布** 海面から海底が1000mを超える、全海域

マッコウクジラ
Sperm Whale

オスとメスとの大きさの違いが顕著で、オスが18m前後、約50tあるのに対し、メスは12m前後、約25tしかない。角張ったごつい頭が特徴で体長の30%を占める。生涯の3分の2は2000mの深海にいるといわれ、ダイオウイカなどがエサ。最大の天敵はシャチ。

44 Kaikoura
カイコウラ　ニュージーランド　MAP P.189

ニュージーランド南島の中心都市、クライストチャーチから約180km北にある海沿いの村で、カイコウラ山脈が太平洋に迫る。カイコウラの周辺には、クジラ、オットセイ、イルカなどが生息しており、ホエールウォッチングや、シュノーケリングなど海のアクティビティが盛ん。深い海溝がある海は、深海に暮らすマッコウクジラには最適で、本来は回遊型のマッコウクジラがこの海域に定住するのも納得だ。ほかに、ザトウクジラやシロナガスクジラ、シャチなども観察できる。

おすすめの旅行シーズン
10〜3月の春〜初秋

マッコウクジラは季節を問わず通年、高い確率で見られる。夏は温暖だが旅行者が多く、ツアーなどの料金は高い。冬は寒いが、カイコウラ山脈が冠雪し美しい。ほかの動物ではシャチが12〜3月に、ザトウクジラが3〜4月に現れる。

1	2	3	4	5	6	7	8	9	10	11	12
夏			秋			冬			春		夏

NEW ZEALAND

TOUR INFORMATION

旅の予算	旅の日程
20万円～	4泊6日～

アクセス & フライト時間
12時間～

日本からオークランドまで11時間、クライストチャーチまで1時間30分。

日本からオークランドやシドニー、シンガポールなどを経由し、クライストチャーチまで、乗り継ぎ時間含めて約15時間で到着する。カイコウラへ向かうにはレンタカーか、もしくはバスに乗り、約2時間。

雪をいただくカイコウラ山脈とゆるやかなカーブを描く海岸線、深いブルーの海のコントラストが美しい

モデルプラン
南島の迫力ある自然を堪能

ニュージーランド南島、3000m級の山々が連なるマウント・クックと風光明媚なテカポ湖を観光。カイコウラのホエールウォッチングはオプショナルツアーで参加する。

1-2日目 夕方の便で日本を出発。翌日の午前、オークランド空港で国内線に乗り換えてクライストチャーチ国際空港へ。空港到着後、**クライストチャーチ**のホテルへ。

3日目 定期観光バスでニュージーランドの最高峰**マウント・クック**と**テカポ湖**へ。数々の湖、ハーブや高山植物の咲く草原、氷河の眺めなどを楽しみながら、大自然の中を散策。宿泊はクライストチャーチ。

4日目 オプショナルツアーで**カイコウラ**のホエールウォッチングに参加。クライストチャーチからの送迎付きで英語ガイドが付く。マッコウクジラの出現確率は高いので人気のツアーだ。ほかのクジラやイルカ、オットセイなどが見られる可能性もある。クライストチャーチ泊。

5-6日目 ホテルをチェックアウトしてクライストチャーチ空港へ。午前、国内線でオークランド空港へ。国際線ターミナルに移動し、午後オークランド発の便に乗り、翌朝に日本到着。

SEA CREATURES 海の生き物たち!!

COLUMN　　　Ohau Stream
森の中にオットセイの赤ちゃんの遊び場

カイコウラから北へ車で20分、オハウ・ストリームという森への入口がある。森の中を約10分歩くと、冬から春にかけて滝壺で泳ぎの練習をするオットセイの赤ちゃんの姿が。

少し手前のオハウ・ポイントの展望台からは岩場で戯れるオットセイが見られる

185

> **分布** 極地付近の沿岸、地中海、アラビア海など
>
> ## シャチ
> *Killer Whale*
>
> 真っ直ぐな背びれと白黒の模様が特徴的なクジラの一種で、体長は最大9m、体重5～7t。海洋で食物連鎖の頂点に立つ海の王者で「キラー・ホエール」の異名を持つ。世界中の海に分布し、ほとんどは回遊して暮らし、一部が沿岸や河口域に定住している。

45 Vancouver Island
バンクーバー島　カナダ　MAP P.114

　カナダ西部に位置する南北約460kmの島は、海岸線に入り組んだフィヨルドが続き、周辺に多くの島々が浮かぶ風光明媚な地だ。カナダ本土と島に挟まれたジョンストン海峡は、シャチ(オルカ)ウォッチングのメッカ。島の沿岸域には定住型のシャチが生息しており、夏の間、無数の川が注ぎ込む海峡に遡上するサケを求めて100～200頭が集まって来る。海上に顔を突き出し、ダイナミックなジャンプを見せるシャチの群れ。ボートやカヤックで間近に見学するツアーが盛んだ。

おすすめの旅行シーズン
7～9月の夏

夏にはエサとなるサケが一斉に川に遡上するため、それを追ってシャチが海峡へと集まってくる。7～9月にはほぼ毎日、ウォッチング・ツアーが催行される。夏の平均気温は17～22℃と温暖で過ごしやすい。

1	2	3	4	5	6	7	8	9	10	11	12
冬		春				夏			秋		冬

CANADA

TOUR INFORMATION

旅の予算	旅の日程
35万円	5泊7日

アクセス & フライト時間

10時間〜 バンクーバーからキャンベルリバーまでは飛行機で約45分、バスで約6時間。

成田から直行便で約9時間でバンクーバーに到着する。その後、国内線に乗り換えて飛行機で移動。ポートハーディーまで約1時間。そこから車で北へ約200km行くと、テレグラフ・コーブに着く。

島周辺の冷たい海はシャチの好適地。エサに恵まれた定住型のほうが回遊型よりも穏やかな性格だ

モデルプラン
シャチとカナダの自然を堪能

多くのシャチが定住するバンクーバー島周辺の海で、シャチウォッチングを楽しむ。バンクーバーでは、スリリングな吊り橋を渡るコースで緑豊かな陸の自然を堪能する。

1日目 午後に日本を出発して同日午前中にバンクーバーに到着。飛行機を乗り継ぎ、**キャンベル・リバー**へ。到着後、車でシャチウォッチングの拠点**テレグラフ・コーブ**へ。ロッジに宿泊。

2-3日目 ボートに乗り、シャチウォッチングを2日間かけて楽しむ。迫力あるダイブや海上に顔を突き出したりして豪快に泳ぎまわるシャチを間近に眺め、ザトウクジラやトド、アザラシを見学。

4-5日目 車で島最北端の街**ポート・ハーディー**へ。クルーズに出て、氷河の削ったフィヨルドが連なり、小島の浮かぶ美しい沿岸風景を満喫する。飛行機で**バンクーバー**へ移動。翌日はバンクーバーのダウンタウンからバスで**キャピラノ・サスペンション・ブリッジ**へ。深さ70mの渓谷に架かるスリル満点の吊り橋や樹上回廊などを巡る2時間のハイキングを満喫。

6-7日目 ホテルから車でバンクーバー空港へ向かい、日本へ向けて出発。昼過ぎの便で発つと約11時間のフライトののち、翌日の午後に日本到着。帰路に着く。

【ツアー催行会社】ism ➡ P.250
上記は催行されているツアーの一例です。内容は変更される場合があります。

COLUMN　　　Campbell River
キャンベル・リバーで釣りを楽しむ

ジョンストン海峡に面したサーモン・フィッシングのメッカ。街には多くの貸しボート屋があり、サケと泳ぐシュノーケリング・ツアー、熊ウォッチング・ツアーもある。

サーモンと一緒に川を泳ぐ人気アクティビティ。ライフジャケット付なら安心だ

SEA CREATURES | 海の生き物たち!!

オセアニア

OCEANIA

6000万年前には他の陸地と分離
隔絶された環境が築く特異な動物相

アサートン高原 P.196

ジャワ海
ジャカルタ
インドネシア
バリ島
ディリ
東ティモール
アラフラ海
パプアニューギニア
ソロモン諸島
ポート・モレスビー
P.236 コモド国立公園 (55)
ダーウィン
インド洋
ケアンズ
㊼ アサートン高原 P.196
ブルーム
テナント・クリーク
ポート・ヘッドランド
マッカイ
アリス・スプリングス
カーナーヴォン
オーストラリア
P.102
ローン・パイン・コアラ・サンクチュアリ ㉒
ブリスベン
ゴールド
コースト
ジェラルトン
P.208
ロットネスト島 ㊾
パース
グレート・オーストラリア湾
シドニー
アデレード
P.202 カンガルー島 ㊽
キャンベラ
メルボルン
⑦ フィリップ島 P.28
P.190
クレイドル・マウンテン - セント・クレア湖国立公園 ㊻

オセアニア固有の動植物に注目

オセアニアには外来生物の流入が少なく、人間による開発の開始も比較的遅かったことから数多くの固有種が現存する。カンガルーやコアラといった有袋類をはじめ、哺乳類だけでもオーストラリアに生息する270種のうち83％が固有種、昆虫にいたっては14万種のうちの90％が固有種だという。だが、18世紀後半以降の入植や、急激な気候変動により、絶滅が心配される種が多いのも事実。そのため政府は保護対策に積極的で、国土の11％を超える90万km²の土地に550以上の国立公園、6000もの保護区を指定している。海洋保護区も多く、その数200、65万km²にも及び、周囲の海ではクジラやウミガメ、オットセイなど多様な生物が暮らす。本書で紹介するスポットもそのすべてが保護区で、ワラビーに手からエサをあげたり、イルカと泳いだりと直接ふれあえる施設も多い。動物たちの健康や環境に配慮しつつ、自然に近い彼らの姿に接したい。

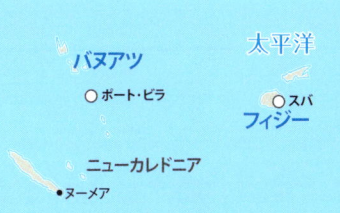

クレイドル・マウンテン - セント・クレア湖国立公園 ◆ P.190

オタゴ半島 ◆ P.212

旅のアドバイス
冬でも紫外線対策は必須

南半球にあるオセアニアは日本とは季節が逆。さらに広大なオーストラリアは地域によって気候が大きく異なる点、ニュージーランドは一日に四季があるといわれるほど変化の激しい天候エリアが多い点に留意する必要がある。どちらの国でも動物たちが暮らすのは自然に近い環境であり、晴天時の日差しは強烈。虫よけと紫外線対策は万全を期したい。

また、かつて外来生物などによって絶滅した動植物があったという反省からオーストラリアの検疫は厳しい。自分用であっても、生野菜や果物はもちろん、カップ麺や菓子などの食品、生薬、漢方薬などの薬品、入国以前に使用し、国外の土が付いたままのスポーツ用品やキャンプ道具などはとくに要注意。没収されるだけでなく、長時間空港に留められたり、罰金を科せられたりすることもある。乳児用の粉ミルクや医師処方による漢方薬などは必ず申請し、薬については医師による説明書などを持参したい。

46 Cradle Mountain-Lake St Clair National Park　Australia
クレイドル・マウンテン-セント・クレア湖国立公園　オーストラリア

この地でのみ生きる固有動植物の宝庫
大自然がつくる雄大な絶景も魅力

タスマニアデビルも絶滅が危惧される稀少動物。一見、愛らしいが気性は荒く、歯を剥いて威嚇する姿から悪魔という名が付けられた

OCEANIA
オセアニア

	1	
2	3	5
	4	

1 小型のカンガルー、ワラビーは、オーストラリアで最もよく目にする動物。このエリアにも多く、車道や宿泊施設の周囲にも出没する
2 日本語名ではフクロギツネとも呼ばれるポッサム。オス、メス、子どもという家族単位で暮らすことが多い。人なつこい個体も多い
3 日本でもよく知られるコアラ。日中は木の上で寝ていることがほとんど。ユーカリの葉に含まれる毒性の成分を解毒する機能が備わっている
4 タスマニアデビルは夜行性。かつてはオーストラリア大陸に広く分布していたが、今では野生のものはタスマニアのみに生息している
5 ウォンバットの特徴は丸っこい鼻。名前の由来も、アボリジニの言葉で「平たい鼻」からとられたという。草食性のおとなしい動物だ

Cradle Mountain-Lake St Clair National Park Australia

感動体験

ずんぐりむっくりのウォンバットはまるで小さな熊さん

寂しがり屋のウォンバットは複数で行動することが多く、イネ科の植物が大好物。原生林が開けた草原地帯がおすすめ観察ポイントです。草むらの中を見え隠れしつつ、かわいらしいおしりを振りながらトコトコ走っている姿や太めのフォルム、ホッコリしたやさしい顔立ちに、山歩きの疲れも一気に吹き飛びました。

ユーラシア旅行社●上田 晴一さん

OCEANIA オセアニア

多くの動物が夜行性。早朝深夜に出没

Cradle Mountain-Lake St Clair National Park
クレイドル・マウンテン-セント・クレア湖国立公園 ▶ オーストラリア

AUSTRALIA

ココで会える動物たち
タスマニアデビル●ポッサム●ワラビー
ウォンバット●タスマニアオナガネズミ
オオフクロネコなど

タスマニア島の北西エリアに位置する広大な国立公園でユネスコの世界遺産にも登録。タスマニア原生地域の一部でもあり、島内最高峰のオッサ山（標高1617m）や、ギザギザとした稜線が特徴的なクレイドル・マウンテン（標高1545m）といった険しくそびえる山々、ワイルドフラワーや紅葉に彩られて季節ごとにガラリと表情を変える深い森、鏡のように周囲の景色を映す湖など、手つかずの自然が豊かに広がる絶景エリアだ。オーストラリア本土に比べても開発や環境の汚染が進んでいないため、メインランドでは絶滅、あるいは絶滅に瀕している動植物も生息している。また、タスマニアには太古に繁栄した植物が多く、冷温帯雨林と呼ばれる雨や霧の多い土地柄でもある。多彩な植物にも注目したい。

おすすめの旅行シーズン
9～5月の春～秋
四季がはっきりとしていて、夏は日が長く、快適な日々が続く。春、夏は各季節の花が咲き、秋は紅葉が見事。冬は冷え込むが、スキーも楽しめる。紫外線対策は年中必須。

1	2	3	4	5	6	7	8	9	10	11	12
夏		秋			冬			春			夏

COLUMN　Cradle Mountain Lodge
クレイドル・マウンテン・ロッジに泊まる
公園内の北にある、人気の高いロッジ。値は張るが、そのクオリティは期待どおりと評判。スパも併設されており、大自然のなかにたたずむリゾートロッジだ。

ロッジにポッサムやワラビーが近づいてくることも。施設の裏にはトレイルもある

TOUR INFORMATION

旅の予算 25万円
旅の日程 7泊9日

アクセス & フライト時間
12時間30分～
オーストラリアの都市経由でタスマニアまで。直行便はない。

日本からシドニーやケアンズを経由する。約11時間ほどのフライトでシドニーに到着したら、国内線に乗り継ぎタスマニアのホバートへ。約2時間で到着する。メルボルンからフェリーでタスマニアまで向かう方法もあり、夕方出発し、翌朝到着する。所要約9時間。

モデルプラン
動物のほか絶景や植物も豊富
タスマニアの豊かな自然に親しみ、固有の動物たちに出会おう。タスマニアン・ビーフやサーモンなど質の高い食材をはぐくむ土地柄とあって、食の楽しみも尽きない。

1-2日目 日本を発ち、シドニー経由でホバート着。ホテルに荷物を置いたら、ボノロング野生動物公園に行き、タスマニアデビルやウォンバットなどの固有動物に出会う。

3日目 近郊のハーツマウンテン国立公園でハイキング。街に戻り、サマランカ・プレイスを散策。

4日目 国内最古の橋、リッチモンド・ブリッジを見学後、ワイングラス湾を望む展望台までハイキング。午後はビシェノ郊外の潮吹き穴へ。夜はフェアリーペンギンのパレードを見学。

5-7日目 いよいよクレイドル山へ。途中、ジブリ映画のモデルとされるベーカリーのある街、ロスや土ボタルが生息するマラクーパ洞窟に寄る。クレイドル・マウンテン-セント・クレア湖国立公園に着いたら、ダヴ湖、クレーター湖でハイキング。貴重なキングビリー・パインの中を散策し、クレイドルの山々を眺めるなど自然を満喫。

8-9日目 タスマニア島北部のロンセストンまたはデヴォンポートからメルボルンやシドニーへ国内線で移動する。いずれかの都市で乗り換えて、帰国の途につく。

【ツアー催行会社】ユーラシア旅行社 ➡ P.250
上記は催行されているツアーの一例です。内容は変更される場合があります。

クレイドル渓谷

地図凡例:
- C132 → デヴォンポート
- シャトルバス停留所
- ビジターセンター Visitor Centre
- インタープリテーションセンターと自然保護官事務所
- クレイドル・マウンテン・ロッジ Cradle Mountain Lodge
- クレイドル渓谷ボードウォーク Cradle Valley Boardwalk
- スネーク・ヒル Snake Hill
- ロニー・クリーク Ronny Creek
- ウォルドヘイム Waldheim
- クレーター・フォールズ Crater Falls
- ダヴ・レイク Dove Lake
- マリオンズ展望台 Marions Lookout
- ダヴ湖サーキット Dove Lake Circuit
- オッサ山

公園内でトップの人気を誇るロッジ。食事に定評があるほか、スパなども併設している。スイートには露天風呂もあり、そこから望む景色は絶景

インタープリテーションセンターとロニークリークを結ぶ、美しい景色が楽しめる5.5kmのボードウォーク

公園内で最も人気のあるコース。一周約6km、約3時間で気軽にトレッキングが楽しめる

クレイドル・マウンテン・セント・クレア湖国立公園 Cradle Mountain-Lake St Clair National Park

オーストラリア AUSTRALIA / タスマニア州 TASMANIA

標高1545mのゴツゴツした山。風のない日にダヴ湖に映るその姿の美しさは別格

標高約1617m、島内最高峰の山に登る場合は、全6日間のトレッキングに参加する必要がある。山頂から眺めるタスマニアの大自然は絶景

オーストラリアでいちばん深い湖。釣りやボートが楽しめる

絶滅危惧種 動物図鑑　OCEANIA

キタケバナウォンバット
Nortern Hairy-nosed Wombat
ウォンバット科　ケバナウォンバット属

分布 オーストラリア

有袋類の仲間で、先祖はコアラと同じとされる。オーストラリア東部のエッピング・フォレスト国立公園にのみ生息する。穴居性の草食動物。

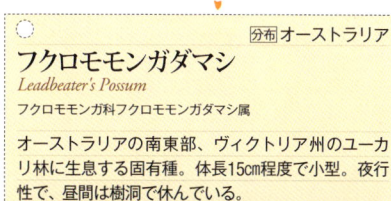

フクロモモンガダマシ
Leadbeater's Possum
フクロモモンガ科フクロモモンガダマシ属

分布 オーストラリア

オーストラリアの南東部、ヴィクトリア州のユーカリ林に生息する固有種。体長15cm程度で小型。夜行性で、昼間は樹洞で休んでいる。

OCEANIA オセアニア　Encyclopedia

47 Atherton Tableland　Australia
アサートン高原　オーストラリア

熱帯雨林〜草原まで変化に富んだ環境が
多彩な風景と稀少な動植物をはぐくむ

体長は30〜50cmほどという、アサートンに棲む小さなロックワラビー。マリーバ近くの岩場に暮らしている。ここでは餌づけが体験できる

OCEANIA
オセアニア

感動体験

**ケアンズに来たらぜひ！
感動が待ってます**

アサートンの達人、現地旅行ガイドのシェーンさんに案内してもらったアサートン高原。彼は日本語が上手で言葉に困ることなくとても楽しめました。ツアーの内容は感動の連続！なかでもロックワラビーとのふれあいは忘れられません。モグモグと食べる姿に本当に癒されました。ランチやワインもおいしくて、大満足です！

会社員●伊藤 貴子さん

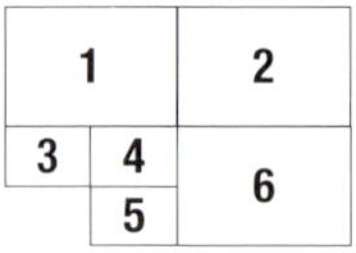

	1	2
3	4	6
	5	

1 ドライブの絶景ポイント、激しいカーブが続くギリーズ・ハイウェイからの景色。青々とした緑色のパノラマが視界いっぱいに広がる
2 オーストラリアにしか生息していない、野生のカモノハシ。幻の動物ともいわれ、遭遇率は低め
3 幸運の蝶と呼ばれる、ユリシス。青く輝きながら舞う姿にうっとり
4 木登りが得意なポッサム。オーストラリア各地で見られる
5 ロックワラビーには餌づけが可能。手のひらに載せて麦を差し出すと、人の手にちょこんと前足を載せて夢中で食べる
6 熱帯雨林地帯に生息する、絶滅危惧種のヒクイドリ

Atherton Tableland Australia

OCEANIA
オセアニア

この高原のみに生息するワラビーに遭遇

Atherton Tableland
アサートン高原 ▶ オーストラリア

AUSTRALIA

ココで会える動物たち
ワラビー●カンガルー●ポッサム
カワセミ●カモノハシ●ハリモグラ
オーストラリアン・ブッシュ・ターキーなど

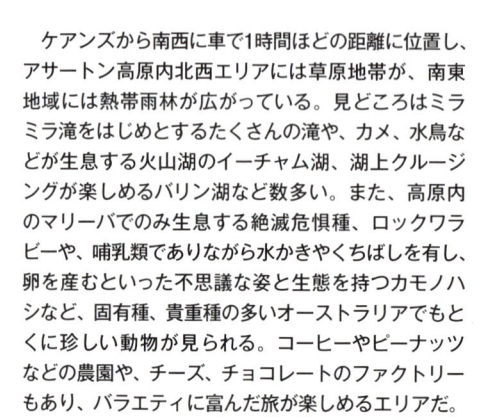

　ケアンズから南西に車で1時間ほどの距離に位置し、アサートン高原内北西エリアには草原地帯が、南東地域には熱帯雨林が広がっている。見どころはミラミラ滝をはじめとするたくさんの滝や、カメ、水鳥などが生息する火山湖のイーチャム湖、湖上クルージングが楽しめるバリン湖など数多い。また、高原内のマリーバでのみ生息する絶滅危惧種、ロックワラビーや、哺乳類でありながら水かきやくちばしを有し、卵を産むといった不思議な姿と生態を持つカモノハシなど、固有種、貴重種の多いオーストラリアでもとくに珍しい動物が見られる。コーヒーやピーナッツなどの農園や、チーズ、チョコレートのファクトリーもあり、バラエティに富んだ旅が楽しめるエリアだ。

TOUR INFORMATION

旅の予算 20万円〜
旅の日程 4泊5日

アクセス & フライト時間
8時間〜
LCCでケアンズまでの直行便があるが、それ以外は乗り換えが必要。

日本からクイーンズランド州のケアンズまでは、直行便もあるが、シドニーなどを経由する便が一般的。所要時間は約8時間。ケアンズ市街からアサートンまでは西に約80km、車で約1時間進むと到着する。現地ツアーに参加するか、レンタカーを借りる必要がある。

モデルプラン
大自然の宝庫!ケアンズ4日間

濃い緑が茂り、数多くの野生動物が暮らすアサートン高原からグレート・バリア・リーフのリゾート・アイランドまで、オーストラリアの多彩な自然が満喫できる贅沢なプラン。

1〜2日目 日本からケアンズに向かう。朝に到着したら、荷物をホテルに置き、熱帯雨林に囲まれた小さな村、キュランダへ。観光列車やレンタカーで移動。ハイキングやグルメを楽しもう。

3日目 旅のハイライトであるアサートン高原へ出発。午前中はバリン湖で絶品スコーンいただいたあと、カーテン・フィグ・ツリーを観賞。お昼は牧場でできたてのチーズやピーナッツ専門店などグルメを楽しんだのち、お待ちかねのグラネットゴージに棲む野生のロックワラビーに餌づけ体験。最後はワイナリーとコーヒーが自慢のオージーカフェに立ち寄り、ホテルへ。

4日目 ケアンズから高速艇で45分の沖合にあるグリーン島でリゾート気分を満喫。サンゴ礁でできた美しい島で、周囲をぐるりと歩いて一周しても40分ほどのサイズ。プールやレストラン、更衣室などの設備も充実している。夜は南十字星など、南半球特有の星空を観賞し、野生動物たちの夜の暮らしを見学する。

5日目 昼過ぎのフライトでケアンズから日本へ向けて出発。直行便なら、所要7時間30分ほどで日本に到着。

おすすめの旅行シーズン
6〜8月の冬

アサートンは、高原なので気温はオーストラリアのなかでも概して低め。夏は雨が多く湿度が高い。冬は晴天が多いので最も過ごしやすく、ハイキングにはぴったりの季節だ。

1	2	3	4	5	6	7	8	9	10	11	12
夏		秋			冬			春			夏

COLUMN　　　Curtain Fig Tree
カーテン・フィグ・ツリーはイチジクの木

絞め殺しイチジクとも呼ばれるカーテン・フィグ・ツリー。鳥によって運ばれた種が木の上で発芽し、地面に向かって根を伸ばすことで形成。

樹齢はなんと700年。親木はイチジクの根に締め付けられるため、枯れてしまうという。

【ツアー催行会社】True Blue Tours ➡P.251
上記は催行されているツアーの一例です。内容は変更される場合があります。

アサートン高原地図

- **アサートン高原** / Atherton Tableland
- **クイーンズランド州** / QUEENSLAND
- **オーストラリア** / AUSTRALIA
- **グレート・バリア・リーフ** / Great Barrier Reef

地図上の主な地名
- ポート・ダグラス
- トリニティ湾 / Trinity Bay
- キュランダ国立公園 / Kuranda National Park
- キュランダ / Kuranda
- グリーン島 / Green Island
- Lake Mitchell
- Hann Tableland National Park
- Barron Gorge National Park
- ケアンズ国際空港
- ケアンズ / Cairns
- ヤラバー / Yarrabah
- マリーバ / Mareeba
- グラナイト・ゴージ / Granite Gorge
- Dinden National Park
- Dimbulah
- Mutchilba
- Danbulla National Park
- ゴードンヴェイル / Gordonvale
- Tinaroo Falls
- Lake Tinaroo
- バリン湖
- カーテン・フィグ・ツリー国立公園 / Curtain Fig Tree National Park
- Boonmoo
- Petford
- アサートン / Atherton
- ギャロ / Gallo
- Herberton
- Malanda
- マランダの滝
- バビンダ / Babinda
- ミリウィニ / Miriwinni
- Wooroonooran National Park
- Emuford
- Kaban
- ミラミラ滝 / Millaa Millaa Falls
- Millaa Millaa
- イニスフェイル / Innisfail
- Bruce Hwy
- Ravenshoe
- Innot Hot Springs
- Mount Garnet
- Kennedy Hwy
- Tully Gorge National Park
- **World Heritage Area**

吹き出しコメント
- 人口約700人の小さな村。ケアンズからは、100年の歴史を誇るキュランダ鉄道に乗り約1時間半で到着。世界遺産の熱帯雨林や、コアラを抱っこできるコアラ・ガーデンなどが人気
- ロックワラビーに餌づけができる自然公園。キャンプも楽しめる
- オーストラリア北東岸にある総延長約2600kmある世界最大のサンゴ礁。ダイビングやクルーズが楽しめる
- 青々として美しい湖の周辺には、野生動物が見られることも
- 樹齢約700年あるイチジクの木が有名。迫力ある根が垂れ下がり、カーテンのよう。遊歩道が整備されているので歩きやすい
- 広大な敷地に約550頭の牛を育てている牧場。高品質で新鮮なチーズを提供、すべて試食できる

0 — 20km

絶滅危惧種 動物図鑑 AUSTRALIA

セスジキノボリカンガルー
Good fellow's Tree Kangaroo

分布 オーストラリア、パプアニューギニア

カンガルー科　キノボリカンガルー属

体長70〜80cmで長い尾を持つ。カンガルーの仲間で一生のほとんどを樹上で暮らす。夜行性で、果実や木の実などを食べる。10種に分類される。

カモノハシ
Platypus

分布 オーストラリア

カモノハシ科　カモノハシ属

哺乳類だが卵生で、単独生活をする。オスの蹴爪は特有の毒を分泌する。肉食性で、昆虫や甲殻類、魚類などを食べる。「生きた化石」などとも呼ばれる。

OCEANIA オセアニア / Encyclopedia

48 Kangaroo Island　Australia
カンガルー島　オーストラリア

固有の動植物たちがのんびり暮らす
オーストラリアのガラパゴス

オーストラリアの南部と南西部周辺でのみ生息する稀少種、オーストラリアアシカ。遊び好きで海中でジャンプや波乗りをする

OCEANIA
オセアニア

	1	
2	3	5
	4	

1 オーストラリアアシカは、生息数は少なめだが、ここでは海岸で会うことができる。子どもは好奇心旺盛で近づいてくることも
2 海洋生物が多く、水温も快適なカンガルー島はダイビングも盛ん。キュートなイルカや海藻に擬態したリーフィーシードラゴンなどが人気
3 約7400haという広大な国立公園、フリンダーズ・チェイスには、自然のままの環境のなか、野生のカンガルーやワラビーも数多く生息している
4 カンガルーとともに国のシンボルになっているコアラもその数は激減中。最も多く生息しているといわれているのがこのカンガルー島だ
5 カンガルーと同じ仲間のフクロネコ。キュートな容姿だが、肉食で鋭い牙と爪を持っている

Kangaroo Island Australia

感動体験

海辺でゴロゴロと休憩中のアシカたちにきゅん!

野生のアシカなどの動物が集まる海岸・シール・ベイはタスマニアの旅好き、動物好きの間では有名なスポットで、たくさんのアシカたちを間近で見ることができます。海辺でごろんと親子仲良く日光浴をする姿はとってもキュートで心なごみました。夜にはヨチヨチ歩くペンギンも見られ、動物好きにはたまらない場所です!

会社員●伊藤 貴子さん

OCEANIA オセアニア

動物たちの自然な生態を間近に観察

Kangaroo Island
カンガルー島 ▶ オーストラリア

AUSTRALIA

ココで会える動物たち
コアラ●ペンギン●ワラビー
オットセイ●アシカ●ハリモグラ
オオトカゲ●ポッサム●ペリカンなど

　カンガルー島はオーストラリア国内で3番目に大きな島であり、また、州都でもある大都会、アデレードからも気軽にアクセスできる距離にありながら、島外からの影響や人の手による開発が少ない。そのため、固有動植物たちのパラダイスとなっており、「オーストラリアのガラパゴス」とも呼ばれるほど。500頭ものアシカがコロニーを形成するシール・ベイ自然保護公園、カンガルーやコアラ、ハリモグラなどが自然の草原で暮らす国内でも最大級のフリンダーズ・チェイス国立公園、夕方になると海から巣に戻るフェアリーペンギンのパレードなど、動物たちの生態をありのままに観察できる貴重な環境が整っている。また、不可思議なバランスで立つ巨石や、近年注目の集まるワイナリーなど、見どころも多い。

おすすめの旅行シーズン
4～10月

5～9月が冬、10～4月が夏だが、一日のなかで寒暖差が激しいので、夏でも防寒具は必須。観光は年中楽しめるがペンギンパレードが増えるのは4～10月。9～11月は満開の花が咲く。

1	2	3	4	5	6	7	8	9	10	11	12
夏					冬						夏

COLUMN　Flinders Chase National Park
フリンダーズ・チェイス国立公園の奇岩

島を訪れたら、ぜひ見てみたいのがリマーカブル・ロックスとアドミラルズ・アーチ。風雨や波の浸食により、巨大な岩が絶妙なバランスで立つ。自然による雄大な彫刻だ。

南極から吹く冷たい風と、雨によって岩肌が削られ、奇岩の集合体ができあがった

TOUR INFORMATION

旅の予算 18万円
旅の日程 5泊6日

アクセス＆フライト時間
12時間～
日本からシドニーまで9～10時間、ケアンズまで7～8時間。

日本からの直行便はないので、シドニーやケアンズなどで乗り継ぎでアデレード空港へ。乗り継ぎ時間を入れると14～20時間。アデレードからカンガルー島までは、空路で約30分。アデレード空港からキングスコート空港までの便がある。車とフェリーでアクセスすることもできる。

モデルプラン
アデレードやシドニーも堪能

ホテルの玄関先にまで野生の動物たちが訪ねてくるほど自然が満喫できる島。何日か滞在してのんびりするのがおすすめだが、アデレードからの日帰りも可能。

1～2日目　夕方の便で日本を出発し、アデレードに向かう。午前中に着後、ホテルに荷物を預け、アデレードの市内散策に出かける。セントラル・マーケットや博物館、美術館、教会、展望台などの見どころを巡る。

3日目　ジャービス岬からフェリーに乗ってカンガルー島に渡る。午前中は、世界で唯一、野生のアシカを間近に観察できる海岸、シール・ベイ自然保護区を見学。午後、ハンソンベイ・ワイルドライフ・サンクチュアリで野生のコアラを観察したあとは、必見の景勝地、フリンダーズ・チェイス国立公園を訪れ、自然の彫刻を鑑賞。カンガルー島固有の花や植物にも親しみたい。

4日目　アデレードを発ち、シドニーへ向かう。オペラハウスやハーバー・ブリッジで知られるシドニー・ハーバーやハイドパーク・バラックス、セントメアリー大聖堂などを観光する。

5～6日目　夕方まで、シドニーの街を散策。ビーチでのんびり過ごしたり、おみやげの買い忘れなどないかチェック。夜発のフライトでシドニーを発ち、翌日の早朝、日本に到着。

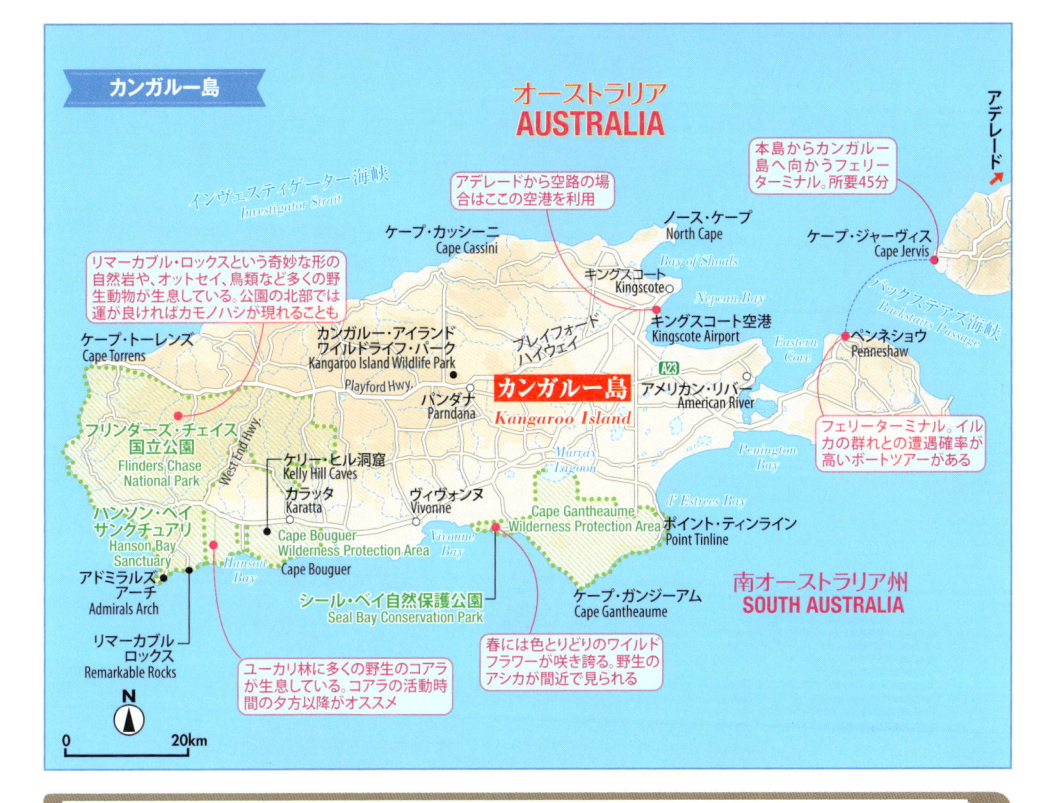

カンガルー島

- インヴェスティゲーター海峡 Investigator Strait
- ケープ・カッシーニ Cape Cassini
- アデレードから空路の場合はここの空港を利用
- ノース・ケープ North Cape
- Bay of Shoals
- キングスコート Kingscote
- 本島からカンガルー島へ向かうフェリーターミナル。所要45分
- ケープ・ジャーヴィス Cape Jervis
- アデレード
- ケープ・トーレンズ Cape Torrens
- リマーカブル・ロックスという奇妙な形の自然岩や、オットセイ、鳥類など多くの野生動物が生息している。公園の北部では運が良ければカモノハシが現れることも
- カンガルー・アイランド ワイルドライフ・パーク Kangaroo Island Wildlife Park
- プレイフォード ハイウェイ Playford Hwy.
- キングスコート空港 Kingscote Airport
- Nepean Bay
- Eastern Cove
- ペンネショウ Penneshaw
- バックステアーズ海峡 Backstairs Passage
- パンダナ Parndana
- カンガルー島 Kangaroo Island
- アメリカン・リバー American River
- フリンダーズ・チェイス国立公園 Flinders Chase National Park
- West End Hwy.
- ケリー・ヒル洞窟 Kelly Hill Caves
- カラッタ Karatta
- ヴィヴォンヌ Vivonne
- Murray Lagoon
- Pennington Bay
- フェリーターミナル。イルカの群れとの遭遇確率が高いボートツアーがある
- ハンソン・ベイ サンクチュアリ Hanson Bay Sanctuary
- ケープ・ブーガー自然保護公園 Cape Bouguer Wilderness Protection Area
- Hanson Bay
- Vivonne Bay
- ケープ・ガンゾーム Wilderness Protection Area Cape Gantheaume
- ポイント・ティンライン Point Tinline
- D'Estrees Bay
- アドミラルズ・アーチ Admirals Arch
- シール・ベイ自然保護公園 Seal Bay Conservation Park
- ケープ・ガンジーアム Cape Gantheaume
- 南オーストラリア州 SOUTH AUSTRALIA
- リマーカブル ロックス Remarkable Rocks
- ユーカリ林に多くの野生のコアラが生息している。コアラの活動時間の夕方以降がオススメ
- 春には色とりどりのワイルドフラワーが咲き誇る。野生のアシカが間近で見られる

N　0　20km

オーストラリア AUSTRALIA

絶滅危惧種 動物図鑑　AUSTRALIA

タスマニアデビル
Tasmanian Devil

分布 オーストラリア タスマニア固有種

フクロネコ科タスマニアデビル属

最大の現生肉食有袋類で、体長は50〜60cm。夜行性で死肉や小動物、昆虫などを食べる。顔面などに発生する悪性腫瘍により個体数の減少が危惧される。

クォッカ
Quokka

分布 オーストラリア ロットネスト島固有種

カンガルー科クォッカワラビー属

体長40〜50cmの有袋類で、主として湿原に生息し、トンネル状の通路を作って移動する。25〜150頭の群れで暮らし、草や木の実、葉などを食べる。

OCEANIA オセアニア

Encyclopedia

49 Rottnest Island　Australia
ロットネスト島　オーストラリア

美しい海と自然、歴史の面影に癒される
パースっ子秘蔵のリゾート・アイランド

OCEANIA
オセアニア

カンガルーやワラビーの仲間のクォッカ。大きなオスでも体重は4kg強という小ささで、見た目もネズミのよう。後ろ足でジャンプして移動する

1	
2	3

1 クォッカは人なつこく、エサを求めて近づいてくることもあるが、人間の食べ物は健康を損ねてしまうため、餌づけは禁止されている
2 豊かに生物をはぐくむロットネストの海は美しく、マリンアクティビティも盛ん
3 17世紀に島を訪れたオランダ人がクォッカをネズミと誤認。ラット・ネスト(ネズミの巣)と呼んだのが、島の名の由来となったという

感動体験

手つかずの島はクォッカ天国 ロットネストのマスコット的存在

島の桟橋そばで、拍子抜けするほど早くクォッカを発見！木立周辺をカンガルーのようにピョンピョン飛び跳ねまわっていました。人を怖がらないので、思いきって大接近してみると、頬袋にエサを貯め込んだリスのような小さな顔、前足をちょこんと揃え、つぶらな瞳でこちらをジッと見つめる姿に、もうノックアウト寸前でした。

ユーラシア旅行社●上田 晴一さん

ロットネスト島

- 青々とした海と、白い砂浜のコントラストが美しい。東側にはバサースト灯台がある
- 島のほぼ中央にある白い灯台。高台からはロットネスト島周辺の美しい海が全方位で堪能できる
- パースのフリーマントルから約30分でトムソン湾に着く
- セトルメント駅からオリヴァー・ヒル駅まで走る観光鉄道。オリヴァー・ヒルはかつて第二次世界大戦中に利用された軍事施設。高台になっているので島を見渡せる

オーストラリア AUSTRALIA
西オーストラリア州 WESTERN AUSTRALIA
ロットネスト島 Rottnest Island

主な地点: Armstrong Hill、Bare Hill、White Hill、ワジェマップ灯台 Wadjemup Lighthouse、フラミングス見晴台 Vlamingh's Lookout、オリヴァー・ヒル Oliver Hill、ロットネスト・アイランド空港 Rottnest Island Airport、ロットネスト・アイランドゴルフコース Rottnest Island Golf Course、ジーニーズ見晴台 Jennie's Lookout、Lookout Hill、ピンキー・ビーチ、フェリーターミナル、セトルメント駅 Settlement、キングスタウン Kingstown、オリヴァー・ヒルトレイン Oliver Hill Train、パース⇔フリーマントル

周囲に広がる澄んだ海と豊かな海洋生物

Rottnest Island
ロットネスト島 ▶ オーストラリア

AUSTRALIA

ココで会える動物たち
クォッカ●カンガルー●オットセイ
ミサゴ●カメ●イルカ●クジラなど

7000年ほど昔、海面の上昇にともないオーストラリア大陸から分離したというロットネスト島。パースからフェリーで約1時間半、フリーマントルからは高速艇で約30分という距離にあり、人々は週末や遠足、合宿などで頻繁に訪れる。島では、一般の自動車は上陸できないなどの厳しいルールを設けて野生の動植物保護に注力しており、Aクラスの自然保護区に指定。最大でも体長55cmほどと極小サイズのワラビー、クォッカをはじめ、島の周辺には、オットセイやイルカ、カメ、クジラといった海洋生物も数多く見ることができる。島における人々の歴史も古く、6500年前にはアボリジニのヌガー族が暮らしていたという記録があり、また、中心部には19世紀半ばのコロニアルな街並が広がっている。

おすすめの旅行シーズン
一年中

ロットネスト島は、地中海性気候なので、本島と異なり一年中快適に過ごせる。800種ともいわれるワイルドフラワーを見るなら7月下旬～10月がおすすめ。

1	2	3	4	5	6	7	8	9	10	11	12
夏			秋			春				冬	

COLUMN — Nambung National Park
奇岩が並ぶナンバン国立公園

パースから北へ約250kmにナンバン国立公園がある。きれいなビーチやワイルドフラワー、野生動物、砂漠や奇岩群など圧倒される景色が広がる。

砂漠の中に突如現れる奇岩群、ピナクルズ。地球の自然の奥深さが感じられる

TOUR INFORMATION

旅の予算: 要問い合わせ
旅の日程: 7泊8日

アクセス & フライト時間
12時間～
パースまで直行便はないので、必ず1度の乗り継ぎが必要。

日本からシンガポールや香港などで乗り継ぎ、西オーストラリアの州都、パースへ。乗り継ぎ時間含めて約14時間で到着する。パースからロットネスト島まではさらに西へ、約19kmのところにある。フェリーで1時間30分。もしくは、高速船ならフリーマントルから約30分だ。

モデルプラン
自然の造形美に魅せられる旅

西オーストラリアには、この地ならではの珍しい絶景ポイントが数多く点在。固有種のクォッカをはじめとした野生動物とのふれあいや、彩り豊かな花々も魅力的。

1-3日目: 午前中に日本を出発し、夜パース着。この日はそのままホテルへ。翌朝、空路でシャーク湾へ。着後、モンキー・マイアへ向かう。ホテルでゆっくり過ごし、3日目にモンキー・マイアのビーチで野生イルカの餌づけを見学。また、真っ白い貝殻が100kmもの海岸を覆うシェル・ビーチ、約30億年前から生息する藍藻類、ストロマトライトが現生するハメリン・プールを訪れる。その後、ジェラルトンへ。

4日目: 赤土の峡谷で壮大な景色や奇岩の造形美が見られるカルバリー国立公園や気象条件を満たすとピンクになる塩水湖へ。

5日目: パースに戻る途中、ナンバン国立公園へ。ピナクルズや、ランセリン砂丘など観光。

6日目: 波のような奇岩、ウェーブ・ロックや西オーストラリア内陸で最も古い街・ヨーク、アボリジニの壁画を見学。

7-8日目: いよいよロットネスト島へ。野生のクォッカに会う。島内は自転車の利用も可能。午後、パースに戻り、西オーストラリア原産の花々が咲き誇るキングス・パークを見学。夜の便で日本へ。

【ツアー催行会社】 ユーラシア旅行社 ➡ P.250
上記は催行されているツアーの一例です。内容は変更される場合があります。

OCEANIA オセアニア

50 Otago Peninsula　New Zealand
オタゴ半島　ニュージーランド🇳🇿

稀少で固有な種、あるいは絶滅危惧種が
海に空に地に、のびのびと野生に生きる

イエローアイド・ペンギンはオタゴ半島周辺の固有種。森の中に巣を作るのが特徴だが森林伐採で森が減り、海岸の茂みに営巣するようになった

OCEANIA
オセアニア

1	
2	3

1 翼を広げると3mにもなるというアホウドリが飛翔するさまはまるで空中を滑っているようだ
2 タイアロア岬にはアホウドリの営巣地があり、ロイヤル・アルバトロス・センターも設置されている
3 絶滅危惧種のキンメペンギン。黄色い鉢巻きで目隠しをしたように、目の周りがぐるりと黄色いのが特徴

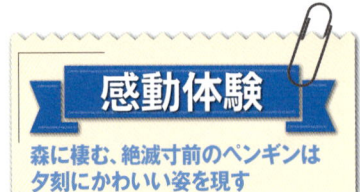

感動体験

森に棲む、絶滅寸前のペンギンは夕刻にかわいい姿を現す

夕暮れどき、冷たい南洋で一日中魚を追いかけ回していたペンギンたちが、お疲れ気味でポツリポツリと砂浜に上陸。双眼鏡を覗くと、黄色い鉢巻きを頭にぐるっと巻いたようなユニークな風貌。鷹のように鋭い眼つきの一方で、巣のある森や草むらまでの坂道を大きな体を右に左に大きく揺らしのんびり歩く姿に親近感を覚えました。

ユーラシア旅社●上田 晴一さん

オタゴ半島

- クライストチャーチ Christchurch
- Silver Peak
- Double Hill
- ワイタティ Waitati
- ニュージーランド NEW ZEALAND
- Swampy Summit
- マウント・カーギル Mt Cargill
- マウント・カーギル景観保護区 Mount Cargill Scenic Reserve
- プラカウヌイ Purakaunui
- アロモアナ Aromoana
- ロイヤル・アルバトロス・センター Royal Albatross Center
- タイアロア岬 Taiaroa Head
- イエローアイド・ペンギン・コロニー Yelloweyed Penguine Colony
- オタコウ Otakou
- ポート・チャーマーズ駅 Port Charmers
- オタゴ半島 Otago Peninsula
- ボールドウィン通り Baldwin Street
- ノース・ダニーデン North Dunedin
- Abbots Hill
- ダニーデン Dunedin
- ダニーデン駅 Dunedin
- ラーナック城 Larnach Castle
- ポートベッロ Portobello
- ケープ・サウンダース Cape Sounders
- タイエリ峡谷鉄道 Taieri Gorge Railway
- サウス・ダニーデン South Dunedin
- セント・クレア St Clair
- マオリ岬 Maori Head

ニュージーランドの稀少種で、ロイヤル・アルバトロスが見られるツアーに参加できる

コロニーに帰ってくるのは夕方なので、お昼以降に向かうのがおすすめ

ダニーデン郊外の住宅地にあるこの街路は、ギネスブックにも記録されている世界最大勾配の坂

ダニーデン市街地から車で20分ほどのところにある、ニュージーランドに現存する唯一の城。美しい庭園やアンティークのコレクションなどを見ることができる

自然に包まれて生きる海の動物たち

Otago Peninsula
オタゴ半島 ▶ ニュージーランド

ココで会える動物たち
キンメペンギン(イエローアイド・ペンギン)
フェアリーペンギン●オットセイ●アホウドリ
ウミウ●アシカ●アザラシ●ゾウアザラシ●トドなど

NEW ZEALAND

　ニュージーランド南島、南東の海岸沿いにある街、ダニーデンから突き出す半島。本土が裂け、切り離されたような形状の半島で、裂け目のような奥深い港湾があるオタゴ港。その南側に、オタゴ港を囲むように北東に延びるのがオタゴ半島だ。半島は海洋動物や海鳥の宝庫でもあり、なかでも半島の先端のタイアロア岬にはアホウドリ(アルバトロス)の営巣地があることで有名。クルーズも出ているので、海からの眺めが楽しめる。オタゴ半島はかつて火山の火口の外輪山の一部が半島を形成している。外洋に面する東側や南側は変化に富んだ断崖が切り立っている。半島内部は起伏に富み、ところどころに展望台やニュージーランドで唯一の城、ラーナック城などの見どころもある。

おすすめの旅行シーズン
12〜4月の夏季

夏は気候も安定し、日照時間が長いので旅行には適している。しかし、一日の間に四季があるといわれるほど、天候の変化が激しく、また、南の外洋側と北の港湾側では異なる。

1	2	3	4	5	6	7	8	9	10	11	12
夏	夏	夏	夏			冬	冬	冬			夏

COLUMN — Boldwin Street
ボールドウィン通りの急坂

世界一急勾配な坂道としてギネスにも認定された通りで、ダニーデンの街の郊外の住宅地にある。最高斜度19度の坂道が約360m続く。麓側はゆるやかだが山側は急勾配。

夏の暑さでアスファルトが流れないよう、山側の急坂はコンクリート舗装が施されている

TOUR INFORMATION

旅の予算 69万円
旅の日程 14泊16日

アクセス & フライト時間
13時間〜
ダニーデン市街地からオタゴ半島までは車で約30分。

日本からダニーデンへの直行便はないので、オークランドで乗り継ぎ、約11時間ほどで到着する。オークランドから国内線に乗り継ぎ、ダニーデンへ。所要約2時間ほど。オタゴ半島までは、景色も楽しめるため、レンタカーで行くのがおすすめ。

モデルプラン
北島も南島も満喫する

最初にダニーデンに向かい、オタゴ半島、ワナカ、フィヨルドランド国立公園、クライストチャーチなど南島を、続いてトンガリロ国立公園、ロトルアなど北島を周遊。

1-4日目	日本を出発、オークランドからクライストチャーチへ国内線で移動。着後、ダニーデンへ。翌日、オタゴ半島へ。鳥類やアシカなどを観察したら、ダニーデンの市内観光。タイエリ渓谷鉄道に乗車し、車窓からの景色を楽しむ。
5-7日目	クイーンズランドからリゾート地ワナカへ。フィヨルドランド国立公園のミルフォードサウンドの観光やクルーズを楽しむ。7日目の宿泊はミルフォード・マリナー号。
8-10日目	マウントクック展望台、テカポ湖を見学。クライストチャーチからトランツ・コースタル号で南島の北端の街、ピクトンへ。北島のウェリントンへはフェリーで移動。
11-12日目	トンガリロ国立公園のタラナキフォール・トレッキングやタウポ湖、フカ滝を周遊。ワイマング地熱地帯で間欠泉の中をウォーキングなど、南島のハイライトを満喫。
13-16日目	ロトルアの市内観光後、オークランドへ。ワイポウア森林保護区を経てマタコでカウリ博物館を見学。オークランドに戻る。午前中、オークランドより日本へ帰国の途へ。

【ツアー催行会社】ユーラシア旅行社 ➡ P.250
上記は催行されているツアーの一例です。内容は変更される場合があります。

OCEANIA オセアニア

51 Stewart Island　New Zealand
スチュアート島　ニュージーランド

飛べない鳥が平和に暮らす
世界最南端の国立公園

ニュージーランドには外敵である陸生の哺乳類がいなかったため、翼が退化したというキーウィ。国鳥でニュージーランド人の愛称にもなっている

OCEANIA オセアニア

1	
2	3

1 ニュージーランドのシンボルでもあるキーウィ。ニワトリほどの大きさで、走ると人間よりも速い。長いくちばしには鼻孔があり、嗅覚が非常に敏感だ
2 ニュージーランド最南端の島で、85％が国立公園。ハイキングやダイビングも楽しめる
3 別名、ラキウラとはマオリ語で「空が赤く燃える場所」という意味。冬の空に浮かぶオーロラのほか、幻想的な夕日は晴天であれば一年中見られる

感動体験

滅多に会えない国鳥 キーウィとご対面

キーウィは夜行性のため、夕暮れどきにツアーは出発。船で移動し、ビーチで数十分待つと、ついに現れました！ガイドが持っている赤外線トーチのみが唯一の明かりで、それに照らされたキーウィは長いくちばしで砂浜に生息するエサを探している真っ最中。天候などにより、ツアーが開催されないこともあるので2泊するのがおすすめ。

グローバルネット・ニュージーランド・リミテッド ●上田 弘さん

スチュアート島

- 島内最高峰の山で、標高980mある — アングレム山 Mt. Anglem
- 一周約36kmのトレッキングコース。途中山小屋に泊まりながら、3日ほどかけて散策する
- 真っ白な砂浜と澄んだ青い海が続く美しいビーチ — マオリ・ビーチ Maori Beach
- 島内最大の集落で、島の住人のほとんどがここに住んでいる。ハーフムーン湾に面していて、ハイキングコースの起点になっていることが多い。南島からの小型機やフェリーの発着所 — オーバン Oban
- 野生動物保護区となっており、野鳥の宝庫。かつての捕鯨基地や、美しい入り江が見られる。島には害獣はまったくおらず、保護区内をウォーキングするツアーもある

地名:
インヴァーカーギル Invercargill / ブラフ Bluff / フォーヴォー海峡 / ブラック・ロック岬 Black Rock Point / サドル岬 Saddle Point / ルーアプーケ島 Ruapuke Is. / コッドフィッシュ島 Codfish Is. / Sealers Bay / 見晴台 / ラキウラ・トラック Rakiura Track / ハーフムーン湾 Halfmoon Bay / ウルヴァ島 Ulva Is. / Chew Tobacco Bay / ニュージーランド NEW ZEALAND / スチュアート島 Stewart Island / Doughboy Bay / アレン山 Mt. Allen / ラキウラ国立公園 Rakiura National Park / Port Adventure / サウス・レッド・ヘッド岬 South Red Head Point / シェルター岬 Shelter Point / パール島 Pearl Is. / Port Pegasus / Broad Bay

0 — 15km N

野生のキーウィが暮らす太古の森

Stewart Island
スチュアート島 ▶ ニュージーランド

ココで会える動物たち
キーウィ●ウェカ●カカ●トゥイ●イワトビペンギン
ニュージーランドバト●イルカ●オットセイなど

NEW ZEALAND

ニュージーランド本島の南に浮かぶ島は、そのほとんどが原生林に覆われている。手つかずの自然を守るため、島の85％がラキウラ国立公園に指定されている。人口は港町・オーバンに住むわずか400人ほどの素朴な島だ。哺乳類などの害獣がほとんどいない島は、ニュージーランド固有の鳥たちの楽園。飛べない鳥、キーウィの野生の姿に会える唯一の場所だ。ほかにも、同じく飛べない鳥のウェカやオウムのカカなど、多くの珍鳥が森に暮らす。トレッキングコースが整備され、気軽にバードウォッチングを楽しめる。夜行性のキーウィに会うには夜の観察のツアーに参加する。それでも稀少種のため、見つけるには運も必要だ。周辺の海岸付近では、数種類のペンギンやイルカ、オットセイなどに会える。

TOUR INFORMATION

旅の予算	旅の日程
18万円	7泊9日

アクセス & フライト時間
13時間～

ブラフからのフェリーは通年毎日運航しているので利用しやすい。

成田からシドニーなどを経由し、クイーンズタウンへ。乗り換え時間含めて、14時間ほどで到着する。そこから、ブラフまではバスで約4時間。ブラフからはフェリーに乗って、フォーヴォ海峡を渡り、約1時間でスチュアート島に到着する。

モデルプラン
野生のキーウィと出会う旅

ニュージーランド南部ののどかなスチュアート島で島固有の鳥キーウィを探す。クルーズやドライブも楽しみ、ペンギンやイルカなどかわいい海の生き物たちにも出会う。

1-3日目	日本を出発し、翌日オークランド着。国内線に乗り換え、ダニーデンへ。翌日、珍しい動物の宝庫オタゴ港で、巨大なアホウドリや野生のペンギン、クルーズ船から野鳥を観察。
4日目	カントリンズコーストで自然動物観察ツアーに参加。そのあと、バスで南東南端の街、インヴァーカーギルへ。ドライブで景勝地を巡る。
5日目	バスでブラフへ向かい、フェリーでスチュアート島へ渡り、ヴィレッジや海辺を見学。夜はキーウィ見学ツアーに参加。夜間に行動するキーウィが現れるのを待ち構える。
6日目	午前中はのんびり過ごし、午後は所要2時間30分のクルーズへ。島の風景を海上から楽しみ、野生動物保護区の小島・ウルヴァ島に上陸して、野鳥観察トレッキングを楽しむ。
7-8日目	スチュアート島から、テ・アナウ湖へ向かう。夜は土ボタルツアーに参加。翌朝、世界遺産のフィヨルド地帯ミルフォードサウンドへバスで向かい、クルーズを楽しむ。
9日目	オークランド空港へ向かう。同日に日本に到着する。

おすすめの旅行シーズン

12～2月の乾季

暖かく気候の穏やかな春から秋(10～3月)は、雨も少なく過ごしやすい。なかでも日照時間の長い夏(12～2月)がとくにおすすめ。気温は20～25℃で湿度が低いため過ごしやすい。

1	2	3	4	5	6	7	8	9	10	11	12
乾季				雨季					乾季		

COLUMN — Rakiura Track
ラキウラ・トラックを巡る

国立公園内にある全長36kmのトレッキングコース。深い森や美しい海岸線を歩き、野鳥やペンギンに会える。所要3日ほどで、途中に山小屋が建つ。短いコースもある。

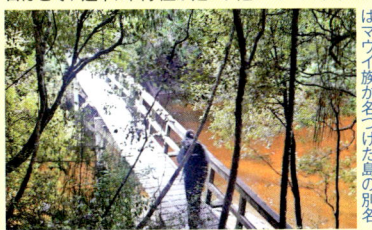

ニュージーランドの手つかずの自然を満喫できる。ラキウラとはマオリ族が名づけた島の別名

【ツアー催行会社】グローバルネット・ニュージーランド・リミテッド ➡P.251
上記は催行されているツアーの一例です。内容は変更される場合があります。

OCEANIA オセアニア

アジア
ASIA

森林に暮らすトラやヒョウ
東南の島々は固有動物の楽園

熱帯の森の個性的な動物たち

　熱帯雨林の広がるインドや東南アジアの島々では、森の中に地域固有の動物たちが暮らしている。豊かな自然に恵まれ、大規模な国立公園が点在するインドは、アジアの野生動物の宝庫だ。ランタンボール国立公園では絶滅危惧種のベンガルトラ、お隣の島・スリランカのヤーラ国立公園ではスリランカヒョウが有名で、ジープ・サファリが盛んだ。

　多くの島々が浮かぶ東南アジアは、ユニークな固有動物の多いエリアだ。ボルネオ島・セピロック・オランウータン保護区の森に棲むオランウータン、インドネシア・コモド国立公園のコモドオオトカゲは、この地域でしか出会えない稀少な生き物たち。リゾートアイランドのセブ島では、ジンベエザメとのダイビングを楽しめる。知床のヒグマは、日本では北海道にのみ生息する陸の王者。中国の成都パンダ繁殖育成研究基地では、世界の人気者パンダを自然に近い環境でじっくり見学することができる。

旅のアドバイス
前もった病気対策、情報収集を

旅行に最適な乾季の場合、マラリア、デング熱など蚊を媒介とした病気や食中毒は、雨季ほど発生率は多くはない。それでもジャングル内部に分け入ったり、地方へ行く場合、破傷風やA型肝炎、B型肝炎などの予防接種を念頭に入れ、医師に相談するなどしたい。出発の1カ月以上前に接種の必要なものもあるので早めに準備しておこう。蚊取り線香や防虫スプレーを用意し、動物見物に出かける際は、長袖・長ズボンだと安心だ。東南アジアやインドは高温多湿な地域なので、熱射病への備えも万全にしたい。パンダは秋から冬、ヒグマは夏など、目当ての動物の活発な活動時期も調べておけばより楽しめる。アジア全般において、スリや置き引き、詐欺などの軽犯罪が多いので注意が必要だ。スリランカやインドネシア、マレーシアの一部地域では、テロ事件やデモ活動が起きている。外務省の海外安全情報のホームページなどで情報収集をしておきたい。

コモド国立公園 ➡ P.236

セピロック・オランウータン保護区➔P.232

アムール川
ハバロフスク
斉斉哈爾
哈爾浜
吉林
瀋陽
アルタイ
モンゴル
P.30 知床
8
P.241 旭山動物園
札幌
朝鮮民主主義人民共和国
ピョンヤン
ソウル
大韓民国
日本海
P.246 鶴岡市立加茂水族館
日本
東京
名古屋
大阪
広島
福岡
鹿児島
海遊館 P.247
太平洋
玉門
北京
黄河
銀川
太原
西寧
蘭州
泰安
中華人民共和国
開封
徐州
西安
黄海
4 成都パンダ繁殖育成研究基地 P.20
合肥
上海
成都
長江
武漢
寧波
東シナ海
温州
沖縄美ら海水族館 P.245
那覇
貴陽
福州
台北
台湾
高雄
南寧
マカオ
香港
長隆海洋王国 P.244
ミャンマー
ラオス
ハノイ
ネーピードー
24 ルミット村 P.106
ビエンチャン
南シナ海
P.184 アイスクリーム 42
サイパン
チャオプラヤー川
タイ
メコン川
ベトナム
マニラ
バンコク
カンボジア
プノンペン
ホーチミン
フィリピン
43 オスロブ P.182
ダヴァオ
マルキョク
パラオ
ブルネイ
54 セピロック・オランウータン保護区 P.232
マレーシア
バンダル・スリ・ブガワン
クアラ・ルンプール
マレーシア
シンガポール
シンガポール動物園 P.240
ジャカルタ
インドネシア
バリ島
ディリ
東ティモール
P.236 コモド国立公園 55
ダーウィン
オーストラリア

ASIA アジア

52 Ranthambore National Park India
ランタンボール国立公園　インド 🇮🇳

アジアを代表する勇猛な陸の王者
広葉樹の森にベンガルトラが棲む

それぞれの個体に愛称がつけられるほど保護されているベンガルトラ。お気に入りのトラの成長を楽しみに、毎年訪れるリピーターも多い

ASIA
アジア

223

1	
2	3

① 飲み水や草を求めてサンバー、チタール、水鳥などが集まる
② 大きく羽を広げるクジャク。美しい姿を披露してくれているかのようだ
③ バニヤンの木が生い茂る道を走るサファリ・カー。この公園のサファリ・カーはオープンデッキ。開けた視界で見学ができる

感動体験

シナリオどおりに出会えた ベンガルトラとの至福のひととき

トラは朝夕同じ水場に現れることがあります。閉園時刻が迫ってもトラと遭遇できずにいたなか、望みをかけて朝の目撃情報を元に水場付近で待ち構えました。するとシナリオどおりにトラが目の前に現れたのです。しかも子育てをしたオストラとして有名な「T-25」です。ヒゲの1本1本、匂いまでも感じられる3mという至近距離に、心が躍りました。

西遊旅行●澤田 真理子さん

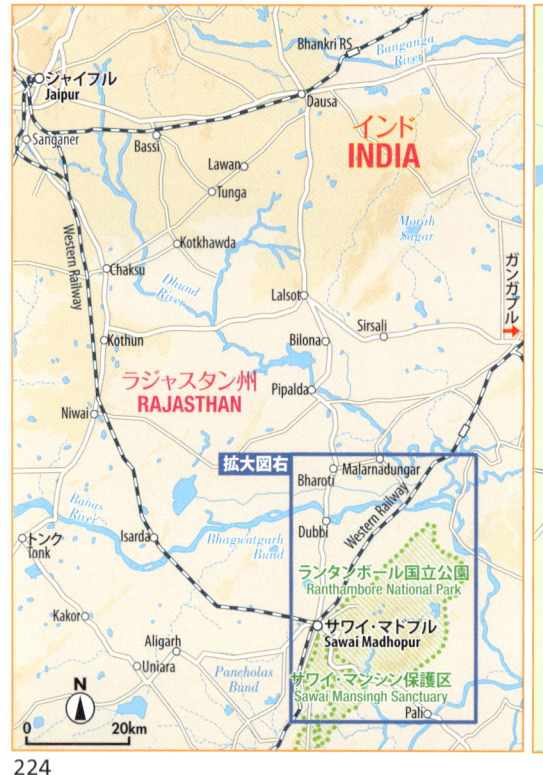

絶滅危惧種のベンガルトラを保護

Ranthambore National Park
ランタンボール国立公園 ▶ インド

ココで会える動物たち
ベンガルトラ●マーシュクロコダイル●サンバー
アクシスジカ●ニルガイ●ジャッカル●クジャク
マウンテンガゼル●ヒョウ●サルなど

インド北西部、ラジャスタン州にある国立公園は、ベンガルトラの保護区として知られる。392km²の面積に広葉樹の森や高原、湖が点在し、ベンガルトラのほかにもアクシスジカやマーシュクロコダイルなど、インド特有の動物や多くの水鳥が水場に姿を現す。一帯は古くからの要衝で、丘の上に10世紀に建てられた城塞が残る歴史の地でもある。ムガール帝国時代には王侯貴族らが狩猟を楽しんだ。国立公園として自然保護が進んだのはインド独立後だ。密猟などにより、絶滅危惧種となったベンガルトラ。長年保護されたことによって徐々に頭数も増え、比較的遭遇率が高いといわれている。とはいえ、広大なエリア内で会う機会は多くない。数日のサファリを楽しみ、勇猛な美しい姿を心待ちにしたい。

おすすめの旅行シーズン
11〜5月の乾季

乾季のなかでも雨が最も少ない11〜3月も旅行には適したシーズンだ。雨季前の3〜5月にはとくに多くの動物たちが水場へと集まり、ベンガルトラの遭遇率も高くなる。

1	2	3	4	5	6	7	8	9	10	11	12
乾季					雨季					乾季	

COLUMN
10世紀の要塞遺跡
国立公園の中心部にある小高い丘の上には、10世紀に築かれた城塞がある。中世の時代、この地が交通や防衛の拠点だった名残で、世界遺産にも登録されている。

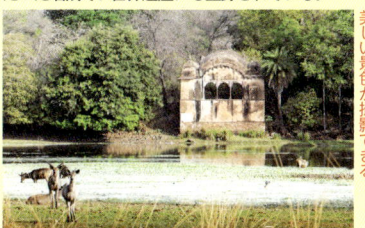

国立公園の中に遺跡があるのは珍しく、自然と歴史的建造物の美しい景色が撮影できる

TOUR INFORMATION

旅の予算 34万円
旅の日程 7泊9日

アクセス & フライト時間
10時間〜
日本から約9時間、デリーで乗り継いで、ジャイプルまで約1時間。

日本からの直行便はないので、デリーのインディラ・ガンディー国際空港で乗り継ぎ、ジャイプルのサワイ・マンシン国際空港へ。乗り継ぎ時間を含めるとジャイプルまで約16時間。ランタンボール国立公園までは車で2時間程度。

モデルプラン
野生の2大王者に会おう

ササン・ギル国立公園とランタンボール国立公園へ、アジアライオンとベンガルトラに会いに行く。見学はオープンデッキのジープ。陸の王者たちの勇猛な姿を楽しもう。

1日目 東京からは直行便で、大阪からは香港を経由して、デリーに夕方または夜に到着。

2〜4日目 早朝、飛行機でアーメダバードへ移動し、ツアーのバスでササン・ギル国立公園へ向かう。途中、ジュナーガルで見事な建築の霊廟、マハーバト・マクバラーを見学。ササン・ギルに到着。この日からサファリ・ロッジに3連泊。朝夕の2回、ササン・ギル国立公園で専用ジープに乗ってサファリツアーを満喫。

5日目 デリー経由でジャイプルへ飛行機移動。ツアーバスで、ランタンボール国立公園近くのサワイ・マドプルへ移動し、ホテルに滞在する。

6〜7日目 ランタンボール国立公園で2日間、朝と夕方にサファリツアーを楽しむ。絶滅の危機に瀕したベンガルトラに出会う機会を狙おう。白い斑点が美しいアクシスジカやサンバーなどシカやワニ、水鳥にも出会える。気温の高くなる日中はホテルでゆっくり過ごそう。

8〜9日目 朝食後、ツアーバスでデリーへ向かう。インディラ・ガンディー国際空港に到着後、夕方の便でデリーを出発し、翌朝、日本に到着。

【ツアー催行会社】西遊旅行 ➡ P.250
上記は催行されているツアーの一例です。内容は変更される場合があります。

ASIA アジア

写真協力 西遊旅行

53 Yala National Park　Sri Lanka
ヤーラ国立公園　スリランカ

樹上で身を休め、水場に忍び寄る
レオパードの美しい体躯に魅了される

ASIA
アジア

堂々とした姿と鋭い目つきのスリランカヒョウが森を歩く。その様子を怯えたように遠くから見つめるアクシスジカ

感動体験

野生美あふれるヒョウ
密集度が高いといわれる国立公園

早朝、夕方の水辺にはさまざまな動物が集まりますが、とくにスリランカヒョウの密集率が高いといわれるヤーラ国立公園では、しなやかで、力強いヒョウの姿を見ることができます。ある日、サファリ・カーを走らせていたとき、昼間の暑い時間帯に日差しを避けて木の上でのんびりと昼寝をする姿を見られました。

西遊旅行●澤田 真理子さん

	1	
2	3	4

1 アジアゾウの家族が気持ちよさそうに水浴びをしに来ている
2 湿地や河川に生息するインドトキコウ。以前は村落でも見かけたが最近は生息数が減ってきているという
3 水辺にはヌマワニの一群も。水を得るのも草食動物にとって危険をともなう
4 突然、大きな体のアジアゾウが車道に現れる。まず先にゾウを通らせ、そのまま通り過ぎるのを待つことに

Yala National Park Sri Lanka

ASIA

海から森へと続く多様な生き物の楽園
Yala National Park
ヤーラ国立公園 ▶ スリランカ

ココで会える動物たち
スリランカヒョウ●アジアゾウ●ヌマワニ
アジアスイギュウ●クジャク●アクシスジカ
ベンガルオオトカゲなど

SRI LANKA

スリランカ南東部の海岸線から内陸の森林地帯まで、約1000km²の規模を持つ国立公園。モンスーンの影響による多量の雨が熱帯林や湖沼を潤し、海岸付近には湿地や砂浜が広がる。多様な環境に約40種の哺乳類のほか、固有種を含む200種以上の野鳥が暮らしている。絶滅が危惧されるスリランカヒョウの生息地として有名だ。アジアの国立公園のなかでも、ヒョウの密集度が高く、アフリカでもめったに出会えない動物だけに、スリランカヒョウ目当ての観光客は少なくない。公園内は高い木立のブッシュが茂り、サバンナほどの見晴らしはきかないが、突然姿を現すアジアゾウやヒョウ、アクシスジカとの出会いは劇的だ。森や遠くの岩山、ビーチなど変化に富む風景も堪能したい。

TOUR INFORMATION

旅の予算 36万円
旅の日程 8泊10日

アクセス & フライト時間
9時間〜　日本から直行便で約9時間。
日本から直行便でコロンボのバンダーラナイケ国際空港へ。ヤーラ国立公園までは車で4時間程度。

モデルプラン
世界遺産から大自然も満喫
ヤーラ国立公園でサファリ・カーに乗ってとくにスリランカヒョウを中心にインド亜大陸固有の動物、野鳥に会う。ホエールウォッチング、世界遺産の街や景勝地も併せて見学しよう。

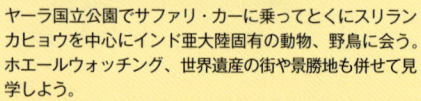

1日目 東京から直行便でスリランカの首都コロンボへ。空港からツアー車で**ニゴンボ**へ移動。

2日目 ニゴンボの漁港を散策し、車でホエールウォッチングの拠点・**ミリッサ**へ向かう。途中、コスゴダに寄り、**ウミガメの保護センター**を見学。

3〜4日目 早朝にホエールウォッチングを楽しみ、午後は世界遺産の街・**ゴール**で植民地時代の面影を残す街並を見学。翌朝もホエールウォッチングを楽しんだら車で**ヤーラ**へ移動。到着後は翌朝のサファリに備えて静養する。

6〜8日目 5・6日目は早朝から終日、**ヤーラ国立公園**でサファリを楽しみ、アジアゾウやスリランカヒョウ、水鳥などを求めて公園内を巡る。宿泊は国立公園にほど近いホテルで。7日目は**ホートン・プレインズ国立公園**へ車で移動。8日目は国立公園を散策。固有の植物や野鳥の宝庫の森を満喫。**シギリヤ**へ移動し、**スレンダーロリスの棲む森**でナイトウォッチングも可能。

9〜10日目 午前中に世界遺産の岩山、**シギリヤ・ロック**を訪ね、美女が描かれたフレスコ画を見学。午後、コロンボへ車で移動し、空港へ。翌日東京に到着。

おすすめの旅行シーズン
1〜6月の乾季
スリランカは高温多湿な熱帯性気候。1〜6月が南岸部でのベストシーズン。9〜10月は国立公園が閉鎖される。12〜4月はミリッサ沖のホエールウォッチングにもおすすめの時期。

1	2	3	4	5	6	7	8	9	10	11	12
乾季						雨季					

COLUMN
優雅に泳ぐクジラを観察
南岸部のミリッサ沖はホエールウォッチングのメッカ。シロナガスクジラに出会えることで知られ、年間を通じて観察できる。なかでも12〜4月は遭遇率が90%以上という。

船で並走しながらシロナガスクジラを追う。ダイナミックなスケール感を味わいたい

写真協力 西遊旅行

【ツアー催行会社】**西遊旅行** ➡ P.250
上記は催行されているツアーの一例です。内容は変更される場合があります。

ヤーラ国立公園

ゾウに似た岩で、園内の
ベストショット・スポット

絶滅危惧種 動物図鑑 ASIA

ジャイアントパンダ
Giant panda
分布：中国大陸
クマ科　ジャイアントパンダ属

体長120〜150cm。タケや小動物などを食べる。クマ科の動物だが冬眠はしない。単独行動が基本で、繁殖力は低い。

スマトラゾウ
Sumatran elephant
分布：スマトラ島
ゾウ科　アジアゾウ属

アジアゾウの亜種の1種。低地熱帯林に住み、食性は植物食。森林の減少により住民との衝突が生じているが、現在、森林保全のプロジェクトが進行中。

オランウータン
Orangutan
分布：スマトラ島北部、ボルネオ島
ヒト科　オランウータン属

マレー語で「森の人」を意味。熱帯雨林の樹上で生活。雑食性だが主として果実を食べる。知能が高いことでも知られる。

ASIA アジア

Encyclopedia

54 Sepilok Orangutan Sanctuary　Malaysia
セピロック・オランウータン保護区　マレーシア

ボルネオ島のジャングルに暮らす
かわいい森の哲人に会う

保護区内のリハビリテーション・センターでは、孤児やけがを負ったオランウータンに自立の手助けをしている

ASIA
アジア

1	
2	3

1 綱の上で4本の手足を器用に使ってフルーツを食べる
2 ジャングルを散歩している途中、かわいいオランウータンが愛嬌たっぷりの表情を見せてくれるサプライズも
3 緑が生い茂る保護区の入口付近

感動体験

片手片足で綱にぶら下がりバナナをほおばる器用さに脱帽!

たくさんのバナナが撒かれると、いよいよ餌づけの始まり。どこからやってくるのか、ワクワクしながら周囲のジャングルを見回すと、木々がざわざわっと音をたてた瞬間、そこからオランウータンが。足とその2倍もの長さがある腕を器用に使って、エサ台まで張られたロープをつたってくる姿は、まさに「森の住人」でした。

ユーラシア旅行社 ● 高橋 景子さん

セピロック・オランウータン保護区

- ラブック湾 / Teluk Labuk
- ラブック・ベイ・テングザル保護区 / Labuk Bay Proboscis Monkey Sanctuary
- サマワン / Samawang
- ボルネオの国有種、鼻の長いテングザルの楽園
- Sungai Sandaka
- スンガイ / Sungai
- カガヤン / Kg. Kagayan
- マレーシア / MALAYSIA
- パンパン / Kg. Pampang
- Pulau Nunuyan Laut
- Gum Gum
- Taman Perikanan Jaya
- サンダカン空港 / Sandakan Airport
- Pulau Nunuyan Darat
- サバ州 / SABAH
- セピロック / Sepilok
- サンダカン・ゴルフ&カントリークラブ / Sandakan Golf & Country Club
- Kg. Atas Air
- **セピロック・オランウータン保護区 / Sepilok Orangutan Sanctuary**
- タナ・メラ / Kg. Tanah Merah
- サンダカン / Sandakan
- ガリノノ / Kg. Garinono
- セピロック森林保護区 / Sepilok Forest Reserve
- ボカラ / Kg. Bokara
- ボルネオ島
- ティンバン島 / Pulau Timbang
- Pelabuhan Sandakan
- パイ島 / Pulau Bai

0 5km

子どもたちが元気にリハビリ中!

Sepilok Orangutan Sanctuary
セピロック・オランウータン保護区 ▶ マレーシア

ココで会える動物たち
オランウータン●カメレオン
メガネザル●マメジカ●ジャコウネコなど
※オランウータン、カメレオン以外は保護区内の「レインフォレスト・ディスカバリー・センター」で見られる動物

★ MALAYSIA

　マレー語で「森の人」を意味するオランウータンは、ボルネオ島とスマトラ島にのみ生息する類人猿の仲間。近年の森林伐採などで生息数は減少し、その絶滅が危ぶまれている。ボルネオ島、セピロックの森の一画にある保護区では、密猟や森林破壊で孤児となったり、傷ついたりしたオランウータンを保護し、野生に戻るためのリハビリを行なっている。現在、60頭以上が自然に近い状態で暮らす。1日に2回のエサの時間には、エサ場への旅行者の入場が認められ、食事をし、元気に遊びまわる様子を眺められる。インフォメーションセンターでは、彼らの生態やリハビリの様子をビデオで紹介。保護区内にあるレインフォレスト・ディスカバリー・センターで、キャノピーウォーク(樹上空中散歩)も楽しめる。

おすすめの旅行シーズン
3〜11月の乾季
年間を通じて高温多湿で、雨も多い。12月の降雨量が最も多く、比較的雨の少ない3〜11月がおすすめ。ただし、気温は高めで、乾季でも日によっては一日中雨が降ることもある。

1	2	3	4	5	6	7	8	9	10	11	12
雨季		乾季									雨季

● COLUMN　**Labuk Bay Proboscis Monkey Sanctuary**
ラブック・ベイ・テングザル保護区
大きな鼻が特徴のテングザルはボルネオ島の固有種。この保護区では、ボルネオで初めて餌づけに成功している。1日2回のエサやりの時間にテングザルを近くで見学できる。

セピロック・オランウータン保護区のリハビリテーション・センターからシャトルバスで行ける

TOUR INFORMATION

旅の予算
要問い合わせ

旅の日程
8泊10日

アクセス & フライト時間
11時間〜　日本から約7時間、クアラルンプールで乗り継いで、サンダカンまで約4時間。

日本からは直行便はないのでクアラルンプールで乗り換え、コタ・キナバル国際空港へ。さらに国内線に乗り換え、サンダカン空港へ。セピロック・オランウータン保護区までは車で30分程度。

モデルプラン
ボルネオ島の動植物を満喫
ジャングル探検でボルネオ島北部の自然を満喫し、絶滅危惧種となったオランウータンに会いに行く。ブルネイとマレーシアの観光名所にも行き、各国の文化や歴史に触れる。

1日目　午前中に日本を出発し、マレーシア国内の都市を経由してボルネオ島のミリに深夜到着。

2〜3日目　午前中に空路でムルへ向かい、世界自然遺産に登録された**グヌン・ムル国立公園**へ。昼食後、ジャングルの中に点在する洞窟群を探検。翌日も終日、洞窟を見学。

4〜6日目　飛行機でミリへ戻り、ブルネイの首都バンダル・スリ・ブガワンへ夕方到着。翌日の午前中まで市内観光を楽しみ、午後、空路で東マレーシアのコタキナバルへ。6日目は**キナバル国立公園**でキャノピーウォークや幻の花ラフレシア観察などを楽しむ。

7〜8日目　朝、飛行機で港町サンダカンへ移動し、車で**セピロック森林保護区**へ。オランウータンの餌づけ、夕方からは、サルたちが暮らす森でリバークルーズを楽しむ。翌日は**スカウ**でジャングル探検や**ラブック・ベイ・テングザル保護区**の見学をして過ごす。

9〜10日目　**サンダカン**の市内観光や昼食を。夕方にサンダカンの空港を出発。マレーシア国内の都市を経由して、翌朝、日本に到着。

【ツアー催行会社】ユーラシア旅行社 ➡P.250
上記は催行されているツアーの一例です。ボルネオ島の治安が安定していないため、2014年10月現在、ツアーは催行されておりません。

ASIA
アジア

55 Komodo National Park　Indonesia
コモド国立公園　インドネシア

**ドラゴンがサバンナを闊歩する
外界から隔絶された島**

コモドオオトカゲは、コモド島とその周辺の島々にのみ生息。国立公園内には現在、約2500頭が暮らしている

ASIA
アジア

1	
2	3

[1] ギザギザの歯の間に毒管があり、かみついた獲物を絶命させる。トレッキング中は、レンジャーが防御棒を持って見学者を守る
[2] 太古の時代から生きるコモドオオトカゲだが、存在が知られたのはわずか100年前だ
[3] コモド島のピンク・サンド・ビーチ。サンゴが砕けたピンクの美しい砂浜が広がる

感動体験

**怖い怖いと噂の世界最大のオオトカゲ
じつはメタボ腹とつぶらな瞳がキュート**

枯れ草が風で揺れている？いやいや草の色に同化したコモドオオトカゲです！獲物を突き刺す鋭い爪、ゴジラのように堅そうな表皮、チロチロのぞかせる舌、噛んだ瞬間に毒を流し込み確実に死に至らすという牙…いかにも獰猛な感じ。でも、短い手足や地面すれすれに出っ張ったお腹、くりっとした黒い瞳は意外とかわいかったりします。

ユーラシア旅行社●高橋 景子さん

コモド国立公園 / Komodo National Park

- バンタ島
- サペ海峡 (Selat Sape)
- コモド島 — 日中の気温が40℃を超える日があるという過酷な環境で生きるコモドオオトカゲの棲む島
- ゴロ・アラブ / Golo Arab
- ゴロ・コモド / Golo Komodo
- ローリアン / Loh Liang
- ピンク・サンド・ビーチ / Pink Sand Beach — ピンク色の美しいビーチ。パイプコーラルというサンゴが死んで波によって砕かれ、小さくなったものがピンク色の砂の正体
- リンチャ海峡 (Selat Lintah)
- パダル島
- ヨーブーヤ / Johbuaya — コモド島などからのボートの発着地
- リンチャ島 — 建物の下でうごめくコモドオオトカゲを見ることができる
- ケラパ島
- バリ島
- フローレス島
- インドネシア / INDONESIA
- リンチャ島などへの高速ボート乗場

巨大トカゲの棲む島をトレッキング
Komodo National Park
コモド国立公園 ▶ インドネシア

ココで会える動物たち
コモドオオトカゲ●スイギュウ●シカ
イノシシ●カニクイザル●ウマ など

INDONESIA

　世界最大のトカゲであるコモドオオトカゲは、今から6000万年以上前の白亜紀に誕生したという生きた化石。絶滅を逃れたのは、周辺海域の激しい潮流が生息地のコモド島を孤立させ、自然環境を維持したためといわれている。オスの体長は2〜3m、体重は70〜100kgにもなる。普段はおとなしいが、空腹になればヤギを捕らえて丸呑みする獰猛さを見せ、コモドドラゴンの異名を持つ。生息地の環境保護のため、インドネシア南部に浮かぶコモド島、リンチャ島、パダル島や周辺海域一帯が国立公園となり、1991年には世界遺産に登録された。モンスーンの影響で乾いたサバンナの広がる丘陵を、巨大なトカゲがのしのしとわが物顔で歩く姿は迫力満点だ。危険回避のため必ずレンジャー同伴で見学する。

おすすめの旅行シーズン
4〜11月の乾季
乾いたサバンナ気候に位置するため、乾季と雨季があるものの雨季は短く雨量も多くはない。雨が滅多に降らない乾季がベスト。日中の平均気温は28℃前後で日陰や夜は涼しい。

1	2	3	4	5	6	7	8	9	10	11	12
雨季			乾季								雨季

COLUMN　Pulau Rintja
オオトカゲ観察の名所・リンチャ島
コモド島の東に浮かぶ島で、ここでもコモドオオトカゲの観察トレッキングツアーを行なっている。周辺のサンゴ礁の海でシュノーケリングやダイビングも楽しめる。

島をのんびり歩きまわるコモドオオトカゲ　野生のオオトカゲはコモド島よりも多いという

TOUR INFORMATION

旅の予算 32万円
旅の日程 3泊5日

アクセス & フライト時間
8時間〜
日本から約7時間、バリ島のデンパサールで乗り継いで、ラブハンバジョーまで約1時間。

日本からは直行便はないのでバリ島のデンパサールで乗り継ぎ、フローレス島のラブハンバジョー空港へ。コモド島へは高速ボートで2時間程度。

モデルプラン
現代の恐竜といわれるオオトカゲ
フローレス島を拠点に、コモドオオトカゲの暮らすコモド島とリンチャ島へ高速ボートで行き来する。トレッキングをしながら野生動物を観察し、きれいなビーチを訪ねる。

1日目 午前中に日本を出発し、直行便でインドネシア・バリ島のデンパサールに夕方に到着。

2日目 朝食後、空路でフローレス島のラブハンバジョーへ。高速ボートに約1時間乗って**リンチャ島**に到着。昼食後、コモドオオトカゲ探索ツアーに参加し、その大きさや迫力を満喫しよう。夕方に船でフローレス島に戻る。

3日目 朝食後、高速ボートに1時間30分乗って**コモド島**へ。徒歩3時間のコモドドラゴン探索ツアーを楽しむ。途中、ピンクの砂浜が美しい**ピンク・サンド・ビーチ**に寄ってひと休み。再び船でフローレス島に戻る。

4日目 フローレス島の内陸部にある**チョンパン・ルーテン村**を車で訪問。先住民族の素朴な伝統家屋が残る村内を散策する。午後に空港へ行き、ジャカルタ経由の飛行機に乗る。

5日目 午前中に日本に到着。

【ツアー催行会社】 ユーラシア旅行社 ➡ P.250
上記は催行されているツアーの一例です。内容は変更される場合があります。

ASIA アジア

世界の おもしろ動物園 & 人気の水族館

BEST ZOO & AQUARIUM in the WORLD

いきいきと動くさまを観察したり、餌づけ体験ができる動物園は、大人も子どもも大興奮。大水槽を優雅に回遊する水中の生き物にも会いに行きたい

見事な美しい毛に覆われ、青い目を持つホワイトタイガー。堀の向こうから鋭い視線を送る

ココがおもしろい!!

柵がないので人と動物との距離が近く、自然な状態に近い姿を観察できる。動物の特性を生かしたユニークなショーやふれあうチャンスがいっぱい。オランウータンと一緒に朝食を食べ、記念撮影をしたり、ゾウに乗って園内をゆったり散歩できるなど、アトラクションが充実している。

シンガポール動物園
Singapore Zoo
【シンガポール】

動物が自由に動きまわる姿を間近で観察

26haという広大な熱帯雨林の自然環境のなかを絶滅危惧種を含む約300種3000頭以上の動物が自由に動きまわる。人と動物のオープンな関係がコンセプト。檻の代わりに木々や川、湖などを利用し、動物と人間のゾーンをさりげなく分けている。隣接する夜の動物園・ナイトサファリや、川の動物園・リバーサファリも人気。

まるでジャングルのような世界が待ち受ける

DATA
MAP P.221
☎ +65-65-6269-3411　所 80 Mandai Lake Rd. Singapore　交 Ⓜ Ang Mo Kio アン・モ・キオ駅からバスで15分　開 8:30(レイン・フォレスト9:00)～18:00(入園は～17:30)　休 無休　料 S$28、子供 S$18
URL zoo.com.sg

シンガポールへのアクセス
成田または、羽田空港からチャンギ空港まで約7時間30分、毎日運航。アン・モ・キオ駅まではタクシー、バス、MRTで。空港直結のMRTでの移動も楽だが、スーツケースなどの大きな荷物があるならタクシーの利用が便利。

ガラス越しに百獣の王、ライオンが観察できる

アジアゾウのショーは人気のアトラクション

アフリカンアートのようにカラフルなマンドリル

人に次いで知能が高いといわれるチンパンジー

旭山動物園

あさひやまどうぶつえん

日本

動物園とは何か?を改めて問いかける

　展示革命を起こし、今も進化を続ける驚異の動物園。動物園のショー化はいつも問題になってきたが、ここでは見世物小屋的な要素は避けられ、動物たちがやりたいことを見てもらう「行動展示」という考えが徹底されている。それが日本最北の動物園でありながら、絶大な支持を集めている秘密だ。

かわいいホッキョクグマのモニュメントの前で来園の記念に撮影しよう

ヨチヨチ歩きのペンギンに思わず応援したくなる

水中ではものすごいスピードで自由に泳ぎまくる

写真協力 Asahikawa City

「きりん舎」の放飼場ではキリンと同じ目線に

北海道に生息する稀少動物のエゾシカ

DATA

MAP P.221

☎0166-36-1104　所北海道旭川市東旭川町倉沼
交旭川駅からバスで旭山動物園下車すぐ　開9:30〜17:15（季節により変動あり、HPにて要確認）　休無休
URL www.5.city.asahikawa.hokkaido.jp/asahiyamazoo

旭川へのアクセス
羽田空港から新千歳空港まで約1時間30分。新千歳空港駅から札幌駅まで特急に乗り換え、旭川駅まで約2時間。

ココがおもしろい!!

直径1.5mの円柱水槽を泳ぐアザラシが観察できるアザラシ館。チンパンジー館では地上5mの空中トンネル「スカイブリッジ」を好きなように動きまわる姿が面白い。ホッキョクグマ館ではプールで泳ぐ様子や、檻のない放飼場での行動が見られる。飼育動物点数は118種647点（2014年4月1日現在）。

ホッキョクグマの水中ダイビングは迫力満点。水中遊泳を水槽越しに見ておきたい

ZOO & AQUARIUM　動物園&水族館

サルやオランウータンなどが素早く飛び移る自由な姿を目の前で見ることができる

ヘンリー・ドーリー動物園
Henry Doorly Zoo
アメリカ

桁違いのスケールに大興奮

過去40年間の入場者数が2500万人という大人気の動物園。世界最大の屋内ジャングルや屋内砂漠など、ユニークな施設が目白押しで、ゆっくり見てまわるには最低でも2日はかかるといわれている。世界で初めて人工授精のゴリラを誕生させるなど、動物の繁殖や生態研究でも広く知られている。

世界最大の面積を持つ砂漠ドームは来場者の評価が高い

ココがおもしろい!!

縦横約75m、高さ24mの世界最大の屋内ジャングルが見もの。アジア、アフリカ、南アメリカの熱帯雨林が再現されており、一歩入ると、そこはまるで**本物のジャングルさながらの臨場感**だ。さまざまな種類のサルやバク、カバ、さらにはフロリダ州のホワイト・アリゲーターなどが見学できる。

DATA

MAP P.115
☎ +1-402-733-8400 所 3701 S. 10th St., Omaha, NE USA
交 オマハから車で15分
開 8:30(レインフォレスト9:00)～18:00(入園は～17:30)
休 無休　料 S$28、子供S$18
URL omahazoo.com

オマハへのアクセス
日本からはミネアポリスのセントポール国際空港で乗り継ぎ、拠点となるオマハのエブリー・エアフィールド空港へ。オマハ中心部までは車で約15分。

ゴールデンライオンタマリンの住みかは屋内ジャングル

高い知能を持ち、感受性豊かなゴリラ

飛ぶように泳ぐ水の中のペンギンたち

リニューアルされた水族館のサンゴと熱帯魚

サンディエゴ動物園
San Diego Zoo 【アメリカ】
アメリカでパンダといえばここ

　40haの広大な敷地にはシャトルバスやロープウェイが運行しており、緑豊かな園を巡りながら、約800種、4000匹もの、より自然な姿の動物たちに出会える。パンダの繁殖に成功した実績があり、現在3頭を保有中。野生では絶滅したカリフォルニアコンドルを飼育していることでもその名を知られる。

全米でパンダのいる動物園で唯一、繁殖に成功している

ココがおもしろい!!
意外にもじつは泳げないというカバ。なかなか見る機会のない、彼らの水中でのユーモラスな動きが巨大な水槽越しに観察できる。

MAP P.114
☎ +1-619-231-1515　所 2920 Zoo Dr., San Diego, CA USA　交 ロサンゼルスから車で2時間　開 季節により異なる　休 無休　料 $28.50、3〜11歳$18.50　URL sandiegozoo.org

ロサンゼルスへのアクセス
日本からは直行便でロサンゼルス国際空港まで約10時間。

事前にネットでチケットを購入したほうがお得

30分間のガイドツアーで園内の半分以上がわかる

ロンドン動物園
London Zoo 【イギリス】
『ハリー・ポッター』の舞台にもなった

　リージェンツ・パークの北側に位置する、動物研究を目的とした世界で最初の科学動物園で、1828年（日本では西郷隆盛の生誕年）に開設、一般公開は1847年。経営はロンドン動物学協会（ZSL）。エンリッチメント（飼育環境の最適化）という考えや、稀少動物の保護など、ZSLの活動にも注目したい。

レトロなキリン舎では長い舌でエサを食べる姿が観察できる

ココがおもしろい!!
1200㎡の「ペンギンプール」で遊ぶフンボルトペンギンや絶滅危惧種であるスマトラトラ（世界に300頭が生息）が観察できる「タイガーテリトリー」が人気。

DATA
MAP P.6
☎ +44-20-7449-6200　所 Regent's Park, London UK　交 Ⓜカムデンタウン駅から徒歩10分　開 季節により異なる　休 無休　料 £22〜、子供£16.50〜（寄付金含む）　URL zsl.org/london-zoo

ロンドンへのアクセス
日本からは直行便でヒースロー国際空港まで約12時間。地下鉄でカムデンタウン駅まで約50分。

モダン建築の旧ペンギンプールも残されている

『ハリー・ポッター』で有名になった爬虫類館

ZOO & AQUARIUM 動物園&水族館

長隆海洋王国
Chimelong Ocean Kingdom 中国
ギネスずくめのテーマパーク的水族館

2014年1月にマカオに近い広東省珠海市の横琴島に開館。ギネス認定の世界最大の水族館で、世界最大の水槽の水量は2万2700t、世界最大のアクリルパネル（日本企業の技術で実現）は幅39.6m、高さ8.3mという規模。遊園地も併設され、長さ1000m、高さ23mの水上コースターなどもある。

▶ダイナミックなイルカショーも連日行なわれている

▶花火が打ち上げられダイナミックな夜が楽しめる

▶巨大水上コースターでスリリングな落差を体感

▶テーマ型ホテル周辺はきらびやかに彩られる

▶洗練されたホテルのレセプション

DATA
MAP P.221
☎ +86-756-6941988
所 中国広東省珠海市横琴新区富祥湾
交 広州白雲国際空港から空港バスで珠玉拱北まで3時間
開 10:30（金〜日曜10:00）〜19:00（入園は1時間前まで）
休 無休
料 350元
URL zh.chimelong.com

広州へのアクセス
日本から広州白雲国際空港までは直行便で約5時間。

ココがおもしろい!!

水量の総計が4万8710tにもなる水槽には1万5000匹ほどの水棲生物が生息し、目を楽しませてくれる。なかにはシロイルカ館（白鯨館）もあり、ここには15頭ほどのシロイルカが飼育され、人気のショーも披露されるが、この飼育数も世界最多規模だとされる。水中でのシロクマの様子も面白い。

▶ギネスブックに世界最大の水槽として登録されるほどの規模

魚類最大種であるジンベエザメ3匹を巨大パノラマで見る。その大きさには圧倒されるばかり

沖縄美ら海水族館

おきなわちゅらうみすいぞくかん

日本

マンタやジンベエザメの群泳に歓声

　海洋博公園内に位置し、2002（平成14）年にオープン。沖縄の海の素晴らしさが学べる施設だが、圧巻は大水槽「黒潮の海」。35m×27m、深さ10mの水槽で、アクリルパネルの厚さは60cm。併設のカフェ「オーシャンブルー」から見るジンベエザメの姿は感動的。

ナンヨウマンタの複数飼育と繁殖に世界で初めて成功した

ココがおもしろい!!

「沖縄の海との出会い」がテーマの水族館で、館内は浅瀬から深海まで潜っていくような造りとなっている。メイン水槽「黒潮の海」で泳ぐジンベエザメやナンヨウマンタをお腹側から見学できるアクアルームがあるほか、生きたサンゴの大規模飼育展示を行なっている「サンゴの海」水槽、水深200m以深に棲む生き物を見学できる「深海への旅」コーナーなど、楽しみが盛りだくさん。

DATA

MAP P.221

☎0980-48-3748　所沖縄県国頭郡本部町石川424
交那覇空港から車で2時間(有料道路を使う場合)または、やんばる急行バスで2時間20分
開8:30～18:30(3～9月は～20:00、入場は各1時間前まで)
休12月第1水曜とその翌日
料1850円(16:00～は1290円)　URL oki-churaumi.jp

那覇へのアクセス
羽田空港から那覇空港まで約2時間30分。

沖縄周辺に広がるサンゴ礁を再現した「熱帯魚の海」

鮮やかなピンク色が特徴的なハナゴイ

イソギンチャクの間で暮らすカクレクマノミ

ジンベエザメのモニュメントが迎える

写真協力 海洋博公園・沖縄美ら海水族館

ZOO & AQUARIUM　動物園＆水族館

大水槽の名前は一般公募から「クラゲドリームシアター」と命名された。浮遊するクラゲの群衆をいつまでも見ていたい

ココがおもしろい!!

最大の魅力は5mの「クラゲ大水槽」に漂う2000匹のミズクラゲ。そのフワリフワリとした幻想的な光景は、世界中どこを見ても味わえない体験となるはず。ショータイムでは「クラゲの給餌解説」や「ウミネコの餌付け」などのプログラムも用意。クラゲレストランではクラゲ素材の料理なども楽しめる。

鶴岡市立加茂水族館
つるおかしりつかもすいぞくかん 日本

ここを知らずにクラゲは語れない

前身は1930(昭和5)年に開設された「山形県水族館」。一時は入館者の減少から閉館の危機に陥ったが、ある偶然がきっかけでクラゲの展示(クラネタリウム)を開始、TVなどでの露出もあって、全国的に知られるようになった。2014年に新館がオープン、現在は50種ほどのクラゲを見ることができる。

新築には「加茂水族館クラゲドリーム債」が発行され、20分で売り切れた

DATA
MAP P.221
0235-33-3036
山形県鶴岡市今泉大久保657-1
鶴岡駅から庄内交通バス・湯野浜温泉行で30分
9:00~17:00(7月18日~8月31日は~18:00)
無休 1000円
URL kamo-kurage.jp

鶴岡へのアクセス
東京駅から新幹線で新潟駅へ。羽越本線に乗り換え鶴岡駅まで約2時間。

全長1cmほどのドフラインクラゲが細やかに漂う

髪の毛のような長い触手を持つカミクラゲ

ピンクや緑の色をした華やかなハナガサクラゲ

サビキウリクラゲは東北以北に分布する北方種

ジョージア水族館
Geogia Aquarium
アメリカ

イルカのショーの笑いと迫力に満足

　巨大な船首のような外観が印象的な、アトランタにある水族館。住宅関連企業の創業者の寄贈金により2005年に開館。当時は世界最大の水族館と謳われた。500種以上の魚類や水棲哺乳類を展示。なかには日本のクモガニやオーストラリアのウィーディーシードラゴンなども見られ、目をひく。

ココがおもしろい!!
「オーシャン・ボイジャー」のギャラリーには大水槽があり、見逃せない。「ドルフィン・テイルズ」は良質のエンターテインメント・ショーで楽しい。

DATA
- ☎ +1-404-581-4000
- 所 225 Baker St., Atlanta U.S.A.
- 交 Mシビック・センター駅から徒歩10分
- 開 10:00〜17:00 金・日曜9:00〜18:00
- 休 無休　料 $26〜
- URL georgiaaquarium.org

アトランタへのアクセス
日本から直行便でハーツフィールド・ジャクソン・アトランタ国際空港まで12時間。最寄り駅のシビック・センター駅まで地下鉄・レッドまたは、ゴールド・ラインで30分。

アトランタの中心地に建ち、オリンピック記念公園やコカ・コーラ博物館へも歩いて行ける距離

コールド・ウォーター・クエストでは4頭のシロイルカにも出会える

海遊館
かいゆうかん
日本

地球と生命のドラマを垣間見る

　天保山ハーバービレッジの水族館施設。地球はひとつの生命体というガイア仮説の考えを基本に、太平洋を囲む生命帯を14の水槽で展示。8階からスロープを降りるように降りていけば、それら個々の水棲生物の生態が観察できる仕組みになっている。ワクワクしながら貴重な学習ができる施設だ。

ココがおもしろい!!
幅34m、深さ9mの水槽「太平洋」の展示が素晴らしい。12種類のクラゲが観察できる「ふあふあクラゲ館」に心なごむ。17時を過ぎると「夜の水族館」も楽しめる。

DATA
- ☎ 06-6576-5501
- 所 大阪府大阪市港区海岸通1-1-10
- 交 大阪港駅から徒歩11分
- 開 9:00〜20:00(季節により変動あり、入館は〜17:00)
- 休 無休　料 2300円
- URL kaiyukan.com

大阪へのアクセス
東京駅から新幹線で新大阪駅へ。在来線に乗り換え、弁天町駅経由で地下鉄中央線の大阪港駅まで約3時間。

人気のジンベエザメ。現在はメスの「遊ちゃん」が展示されている

ワモンアザラシは階下からアザラシを眺められる

夜にはガラスの屋根がライトアップされる

ZOO & AQUARIUM 動物園&水族館

SAFARI PARK in JAPAN
日本にある サファリパーク

国内でも自然に近い状態で動物が見られ、動物園とはひと味違う迫力は、感動と興奮の一日になることでしょう

朝と夕方は動物たちが活動をする時間帯。動物の動きがよくわかる

富士サファリパーク
ふじサファリパーク

車を横切るライオンにびっくりすることも

マイカーでナイトサファリもできる

ジャングルバスで野生の王国へ

　国内最大のサファリゾーンでは世界の動物たちが自由に動きまわる。9種類のジャングルバスやマイカーの中からの肉食動物への大接近は迫力満点。のんびりと森林浴をしながらサファリゾーンの外周を散歩したり、ふれあいゾーンでは小動物にエサをあげたり、ふれあいながら一緒に遊ぶこともできる。

ドライバーさんの解説を聞きながらサファリを巡る

DATA
☎055-998-1311 所静岡県裾野市須山藤原2255-27 交各線・三島駅から富士シティバスで50分 開9:00～17:00（10月は～16:30、11月1日～3月15日10:00～15:30）ナイトサファリ3月16日～10月26日17:00～19:30 休無休 料2700円 ナイトサファリ1700円
URL fujisafari.co.jp

三島へのアクセス
東海道新幹線で三島駅へ。

DATA
☎0274-64-2111
所群馬県富岡市岡本1
交上信越自動車道・富岡ICから車で10分
開9:30～17:00（11月1日～2月末日は～16:30、入園は各1時間前まで）
休水曜（夏休み、ゴールデンウィーク、年末年始は営業）
料2700円
URL safari.co.jp

上州富岡へのアクセス
車で上信越自動車道・富岡ICへ。

群馬サファリパーク
ぐんまサファリパーク

サファリで動物たちに大接近

　世界の大陸から集めた動物たちが自然に近い状態で暮らす姿をバスや車に乗ったまま観賞できる。エサやり体験バスでは、草食、肉食動物が大きな口を開けてエサを食べる姿が見られる。また、国内で唯一スマトラゾウの飼育、展示をしている。

のびのびと暮らす近絶滅亜種のスマトラゾウ

エサやり体験バスには草食、肉食動物たちが群がる

ベンガルトラとホワイトタイガーが一緒に展示されることは珍しい

九州自然動物公園アフリカンサファリ
きゅうしゅうしぜんどうぶつこうえんアフリカンサファリ

高原にあるサファリ形式の自然動物公園

サファリバスで巡る「ふれあいジャングルバスツアー」は6つのエリアの動物を50分じっくり観察することができる。目の前に現れる動物たちへのエサを与える瞬間に一同大はしゃぎ。おとなしい動物の「ふれあい動物ゾーン」もやさしい気持ちになれると評判だ。

インターネット予約だと「入園料＋バス料金」がお得

ゴールデンウィークと夏休みにナイトサファリが楽しめる

チーターとグランドシマウマが共存する

2013年5月に生まれたアジアゾウのチョイ。いつもお母さんと一緒

DATA
☎0978-48-2331
所 大分県宇佐市安心院町南畑2-1755-1
交 JR別府駅からバスで45分
開 9:00～17:00 11月1日～2月末日10:00～16:00
休 無休 料 2500円
URL africansafari.co.jp

別府へのアクセス
飛行機で大分空港へ。空港バスで別府まで30分。

SAFARI PARK サファリパーク

眺望も楽しめる「天空のサバンナ」
岩手サファリパーク
いわてサファリパーク
☎0191-63-5660 所 岩手県一関市藤沢町黄海山谷121-2
交 東北自動車道・一関ICから車で45分
開 8:00～17:00 休 無休 料 2500円
URL iwate-safari.jp

ゾウに乗って散歩もできるサファリ
東北サファリパーク
とうほくサファリパーク
☎0243-24-2336 所 福島県二本松市沢松倉1
交 JR二本松駅から車で15分
開 8:00～17:00（入園は～16:30） 休 無休 料 2600円
URL tohoku-safaripark.co.jp

動物たちへのフィーディングが楽しい
那須サファリパーク
なすサファリパーク
☎0287-78-0838 所 栃木県那須郡那須町高久乙3523
交 JR黒磯駅から東野交通バス那須ロープウェイ・那須湯本行で17分
開 8:00～17:00（入園は～16:30） 休 無休 料 2600円
URL nasusafari.com

さまざまな乗物で動物たちに出会える
アドベンチャーワールド
☎0570-06-4481（ナビダイヤル） 所 和歌山県白浜町堅田2399
交 阪和自動車道・南紀田辺ICから車で30分 開 9:30～17:00
休 不定休 料 4100円
URL aws-s.com

サファリバスに乗って野生動物を観察
秋吉台自然動物公園 サファリランド
あきよしだいしぜんどうぶつこうえんサファリランド
☎08396-2-1000 所 山口県美祢市美東町赤1212
交 JR新山口駅から車で40分
開 9:30～17:00（10月1日～3月31日は～16:30、入園は45分前まで）
休 無休 料 2400円 URL safariland.jp

迫力の猛獣と穏やかな草食動物に大興奮
姫路セントラルパーク
ひめじセントラルパーク
☎079-264-1611 所 兵庫県姫路市豊富町神谷1436-1
交 JR姫路駅から神姫バスで30分
開 10:00～17:00（冬季は～16:30、入園は各1時間前まで）
休 水曜不定 料 3100円 URL central-park.co.jp

取り扱い旅行会社

経験豊富なスタッフが現地の最新情報や魅力あふれる旅を提案してくれる。世界中を網羅する旅行会社や特定の国や地域に精通しているところなど、プランに合わせて選びたい。

道祖神
どうそしん

所 東京都港区芝5-13-18 いちご三田ビル9F
FC 0120-184-922　営 9:30〜18:30（日曜・祝日休）
HP dososhin.com

アフリカ大陸へのツアーを専門とする旅行代理店。砂漠や熱帯雨林、サバンナなど、雄大な自然と多様な文化を誇るアフリカ大陸のツアーを提案している。ケニアやタンザニアのサファリツアーをはじめ、ボツワナ・キャンプ、キリマンジャロ登山など充実の内容で、アフリカの魅力が肌で感じられる。少人数制なので催行中止になることも少なく、時間に余裕をもって和気あいあいとツアーが楽しめるのもうれしい。

ユーラシア旅行社
ユーラシアりょこうしゃ

所 東京都千代田区平河町2-7-4 砂防会館別館4F
03-3265-1691（代表）　営 10:00〜18:30（土・日曜・祝日休）
HP eurasia.co.jp

遺跡、自然、伝統文化、芸術など、テーマを深く掘り下げたツアーを企画。130カ国以上にネットワークを持ち、南極や北極まで世界中の秘境を幅広くカバーする。参加人数は最大25名までに制限、営利目的のみやげ物店には立ち寄らないなど、上質で快適な旅行にこだわる。旅行の相談や質問には、添乗業務などで現地に精通する社員が応対。1名から申し込める個人旅行の手配も行なう。ジャスダック上場企業。

ism
イズム

所 東京都千代田区九段南3-4-5 フタバ九段ビル2F
03-5214-0066　営 9:30〜18:30（土・日曜・祝日休）
HP shogai-kando.com

「生涯感動の旅」をコンセプトに、北米を中心とした世界各地の自然や文化とふれあえる、"非日常"の体験を提供する。カナダのイエローナイフからアメリカのグランドサークル、ボリビアのウユニ塩湖、ガラパゴス諸島まで、パッケージツアーの内容は多彩。とくにカナダは大自然のなかに飛び込めるさまざまなツアーを用意。もちろん自由にカスタマイズできる個人旅行の相談にも応じてくれる。

西遊旅行
さいゆうりょこう

所 東京都千代田区神田神保町2-13-1 西遊ビル
03-3237-1391（代表）　営 10:00〜18:30（土・日曜・祝日休）
HP saiyu.co.jp

1973年の創業以来、数々の秘境ツアーを実現させ、業界を牽引してきたパイオニア的存在。ヒマラヤを中心とした海外トレッキングツアーをはじめ、異国情緒漂うシルクロードを巡るツアー、世界各地の絶景・秘境ツアーなど、バラエティに富んだ多彩な旅を提供する。ウェブサイトの内容も充実しており、スタッフのツアーレポートや旅の情報誌、説明会の案内など、旅のプランニングに役立つ情報が満載。

ラティーノ

- 東京都渋谷区恵比寿南1-3-6 CIビル5F
- 03-3792-9000
- 9:30〜17:30（土・日曜・祝日休）
- t-latino.com

ペルーを中心とした中南米旅行一筋20年以上の旅行代理店。中南米の人気絶景スポットを巡るパッケージツアーはもちろん、コースやホテル、ガイドの有無まで自由に選べるオーダーメイドの個人旅行も人気。

風の旅行社
かぜのりょこうしゃ

- 東京都中野区新井2-30-4 IFOビル6F
- 03-3228-5173
- 10:00〜18:00（日曜休）
- kaze-travel.co.jp

支店（ネパール、モロッコなど）や現地パートナー（ペルー、グアテマラなど）を大切に、現地の人々とその日常に「ふれる」旅を提供。毎日（毎週）出発の日本語ガイドが案内する、少人数（2名〜）ツアーが豊富。

グローバルネット・ニュージーランド

- Unit4, Level 6, Data Centre, 220 Queen St, Auckland NZ
- 09-281-2143
- 9:00〜17:00（土・日曜・祝日休）
- globalnetnz.com

ニュージーランド現地にて2002年に設立。ユニークな個人旅行や、完全オーダーメイドの個人旅行を専門とする。オークランドとクイーンズタウンオフィスで快適な旅のサポートをしてくれる。

海外・国内旅行の手配や、登山隊やカヤック遠征などをサポート

ワイルド・ナビゲーション

- 東京都渋谷区恵比寿西2-7-10 えびす第3ビル9F
- 03-5784-3980
- 10:00〜18:00（土曜は14:00祝日休）
- wild-navi.co.jp

ダイビング、リゾートから世界各地への旅を扱う

エスティ・ワールド 渋谷駅前店
エスティ・ワールド しぶやえきまえてん

- 東京都渋谷区道玄坂2-6-17 渋東シネタワー14F
- 03-6415-8639
- 10:30〜19:30（第1・3木曜休）
- http://stworld.jp

現地ツアーの手配会社

現地発着の宿泊ツアーや、国立公園の情報や動物観察のコツなど、その国、エリアを知り尽くしたスタッフが相談にのってくれる。国内から予約を。

オーストラリア

トゥールー ブルー ツアーズ
Ture Blue Tours

- P.O. Box 6940, Cairns, QLD 4870 Australia
- +61-4-0149-1598
- truebluetours.com

会社名 True Blue Tours の由来は『True Blue』=『純粋な/100%オーストラリアの』という意味。地元のオーストラリア人と一緒に、陽気で楽しいオーストラリアでの経験を提供。

1910年設立、全世界の充実したツアーを提供

オーストラリア

グレイ ライン
GRAY LINE

- 1835 Gaylord St Denver CO 80206 USA
- +1-800-472-9546
- 9:00〜17:00（土・日曜・祝日休）
- grayline.com.au

日本語ガイドスタッフがいるオーストラリアの現地ツアー

オーストラリア

AATキングス
AAT KINGS

- Tour & Information Centre, Ayers Rock Resort, Yulara NT
- +61-8-8956-2021
- 9:00〜16:00
- guidedtours.aatkings.com

タンザニアに精通した旅行社

タンザニア

ジャタ ツアーズ
JAPAN TANZANIA TOURS

- P.O.Box 9350, Dar es Salaam TANZANIA
- +255-22-2134153
- 8:00〜17:00 土曜8:30〜13:00（日曜・祝日休）
- http://jatatours.intafrica.com

ナミビアの現地ツアーを催行

ナミビア

ユー・アンド・アフリカ
You and Africa

- Company Reg. Number: cc/2002/2905 P.O.Box 600 Omaruru
- +264-64-570058
- 9:00〜17:00（土・日曜・祝日休）
- hello-africa.com

南米を知り尽くした南米旅行の専門店

ブラジル

ウニベルツール
UNIBERTOURS

- 東京都中央区銀座8-14-14 銀座昭和通りビル4F
- 03-3544-6110
- 9:30〜17:30（土曜は〜12:30、日曜休）
- http://www.univer.net/local-tour

シーライフ・パーク・ハワイ日本地区販売総代理店

ハワイ

パシフィック リゾート
Pacific Resorts

- 東京都中央区築地7-10-2 築地小川ビル2F
- 03-3544-5020
- 9:30〜18:00（土・日曜・祝日休）
- pacificresorts.com/

本書の使い方

掲載しているアクセス、所要時間、トラベルプラン、予算はあくまで目安です。いずれも現地の状況などによって変更される場合がありますので、旅行の際は事前に最新情報をご確認ください。また、写真は季節や時間帯、撮影場所などによって実際の風景と異なる場合があります。あらかじめご了承ください。

旅の予算

原則として、一般的なツアー代金を目安にしています。航空券代（燃油サーチャージを含まない）、宿泊費、食費、現地交通費（現地ツアーなどを含む）、入場料などを合計して算出したおおまかな予算を表示している場合もあります。いずれも季節、繁忙期、ツアー会社、条件などの事情により大きく変動する場合があります。

旅の日程

国立公園や保護区などを見て帰ってくるだけの弾丸ツアーではなく、一緒に見てまわりたい付近の見どころを観光するなど、現実的なツアープランを参考にした日程になっています。ここで紹介している以外にも、まわり方やツアーの種類などによって、さまざまな日程を組むことができるので、旅行する前にご確認ください。

※国、地域の治安や情勢はつねに変わります。また、査証（ビザ）の要不要も国によって変わります。事前に、外務省海外安全ホームページ（www.anzen.mofa.go.jp）の最新情報をご確認ください。

Photo Credits

©ism:P.8-11,P.115,P.134〜136,P.186〜187[上],P.178〜179
©道祖神:P.2〜3[背景写真],P.4〜5,P.12-15,P.24-25,P.34,
P.36〜39,P.40[下],P.45[下],P.46〜48,P.49[下],P.52〜53,P.54[下],
P.56〜57,P.58-3,P.59-4/5/6,P.60[下],P.61[左下右],P.67[左上,左下],
P.68〜71,P.72[下],P.74〜76,P.77[下],P.78〜81,P.82[下],
P.84〜86,P.87[下],P.88〜91,P.92[下],P.98〜100,P.101[下],P.254
©ユーラシア旅行社:P.16-19,20-23,P.106〜107,
P.108〜109,P.138[上],P.139,P.146〜149,P.162〜166,P.168〜172,P.189,
P.190〜194[下],:P.210-2/3,P.212〜215,P.231[左],P.236〜238,239[下],
©馬場裕:P.26-27,
©白川由紀:P.42〜44,P.58-1,P.59-2,P.62〜65,P.66[下],P.93[右],
P.94〜96,P.97[下],
©岸本和男:P.93[左下], ©GRAY LINE:P.103[下],
©宮地健太郎:P.110〜111,P.144[下]
©シーライフ・パーク・ハワイ:P.112〜P.113,
©Amazingphoto:P.114,P.116〜119,P.122〜124,P.132-1/3,
©ワイルド・ナビゲーション:P.126〜129[下],
©ラティーノ:P.138[上],158〜160,P.253
©Haruka Yoshiki:P.150[下],P.156[下],
©Monterey County Convention & Visitors Bureau:P.174,
©風の旅行社:P.176,
©Discovery Nasca Peru, E.I.R.L., Dream Travel:P.177[下][右上]
©Ture Blue Tours:P.196〜200[下],P.201[右]

iStock http://nihongo.istockphoto.com/

RalphyS:P.50〜51, Lynn_Bystrom:P.130〜131,
OSTILL:P.152〜153,P.154-1,P.155-2/6, dickysingh:P.222〜223,
Dyan_k:P.226〜227, Matt_Gibson:P.254-255

Flickr http://creativecommons.org/licenses/by/2.1/jp/legalcode
Matt Biddulph:P.40[上右], JULIAN MASON:P.40[上左],
Lissa Rabon:P.61[上左], Charles Sharp:P.67[右],
Michael Fraley:P.73[上左], Philip Kromer:P.73[下左],
Frank Vassen:P.73[右], Derek Keats:P.93[上左],
Steven Byles:P.102[下], chee.hong's:P.104[上],
David Martyn Hunt:P.104[下], erseygal2009:P.120[上右],
Strange Ones:P.120[上左], Frank Kovalchek:P.120[下],
Ken Lund:P.125, scott1346:P.132-2,
Liz Lawley:P.133, Emma:P.137,
moments in nature by Antje Schultner:P.142-1,
blinking idiot:P.143-4, Heather Paul:P.144[上左],
nachans:P.144[右上], A.Davey:P.145[右],
The_Gut:P.151[左], Jeroen Kransen:P.151[右],
vil.sandi:P.154-2/3, Geoff Gallice:P.154-5,
Jonathan Hood:P.161, Daniel Clanon:P.175[上],
Michael Gray:P.175[下], Jason Pratt:P.185[下],
Richard Taylo:P.194[上左], Cyron:P.194[上右],
Laurens:P.195[左], Takver:P.195[右],
Brian Gratwicke:P.201[左], gomagoti:P.207[左],
Thomas Rutter:P.207[右], Bryn Pinzgauer:P.211,
Allie_Caulfield:P.218-1, Nick Bramhall's:P.219[下],
Alastair Rae:P.225[上右], Michael Gwyther-Jones:P.225[上右]
Srikaanth Sekar:P.231[右], Nigel Swales:P.240[上],
Rob Chandler:P.240[下中央右], Noel Teo:P.240[下中央右],
Chi King:P.240[下右], MIKI Yoshihito:P.241[下],
RLEVANS:P.242[上][上左], bunnicula:P.242[左上],
Jan Tik:P.242[下左], regan76:P.242[下中央右][下右],
Catchpenny:P.242[下中央右], fortherock:P.243[左],
David Wiley:P.243[右], Jeremy Frens:P.243[下右],
Jim Moore:P.243[下中央], ThisParticularGreg:P.243[左],
William Hook:P.243[下中央], Chris Sampson:[下中央]

写真協力

インドネシア政府観光局,ヴィクトリア政府観光局,
オーストラリア政府観光局,
コロラド・サウスダコタ・ワイオミング州政府観光局,
ジョージア州商務省, 知床斜里町観光協会,
ニュージーランド政府観光局,
ブリティッシュ・コロンビア州政府観光局, マカオ観光局,
マリアナ政府観光局,
山形県総務部秘書広報課広報室,
London Zoo, 長隆海洋王国, 鶴岡市立加茂水族館, 海遊館,
富士サファリパーク, 群馬サファリパーク,
九州自然動物公園アフリカンサファリ,
ism, エス・ティー・ワールド 渋谷駅前店, 風の旅行社,
シーライフ・パーク・ハワイ, Ture Blue Tours, 道祖神,
ユーラシア旅行社, ラティーノ, ワイルド・ナビゲーション

INDEX

あ

- アイスクリーム ・・・・・・・・・・・・・・・・ サイパン　180
- 秋吉台自然動物公園 サファリランド ・・・・・・ 日本　249
- アサートン高原 ・・・・・・・・・・・・ オーストラリア　196
- 旭山動物園 ・・・・・・・・・・・・・・・・・・・・・・ 日本　241
- アドベンチャーワールド ・・・・・・・・・・・・・・ 日本　249
- アンボセリ国立公園 ・・・・・・・・・・・・・・・ ケニア　46
- イエローストーン国立公園 ・・・・・・・・・・ アメリカ　116
- イキトス ・・・・・・・・・・・・・・・・・・・・・・・・ ペルー　146
- 岩手サファリパーク ・・・・・・・・・・・・・・・・ 日本　249
- ウォルター・ピーク高原牧場 ・・・ ニュージーランド　104
- エトーシャ国立公園 ・・・・・・・・・・・・・ ナミビア　62
- オカヴァンゴ湿地帯 ・・・・・・・・・・・・・ ボツワナ　94
- 沖縄美ら海水族館 ・・・・・・・・・・・・・・・・ 日本　245
- オスロブ ・・・・・・・・・・・・・・・・・・・・・ フィリピン　182
- オタゴ半島 ・・・・・・・・・・・・・・ ニュージーランド　212

か

- カイコウラ ・・・・・・・・・・・・・・ ニュージーランド　184
- 海遊館 ・・・・・・・・・・・・・・・・・・・・・・・・ 日本　247
- カトマイ国立公園・自然保護区 ・・・・・・・ アメリカ　126
- ガラパゴス諸島 ・・・・・・・・・・・・・・・ エクアドル　140
- カラハリ砂漠 ・・・・・・・・・・ ボツワナ/南アフリカ　24
- カリンズ森林保護区 ・・・・・・・・・・・・・ ウガンダ　84
- カンガルー島 ・・・・・・・・・・・・・・・・ オーストラリア　202
- 九州自然動物公園アフリカンサファリ ・・・・・ 日本　249
- クイーン・エリザベス国立公園 ・・・・・・・ ウガンダ　78
- グランド・ティートン国立公園 ・・・・・・・・ アメリカ　122
- グランド・リビエール ・・・・・ トリニダード・トバゴ　178
- クリスタル・リバー ・・・・・・・・・・・・・・・ アメリカ　26
- クレイドル・マウンテン―
  セント・クレア湖国立公園 ・・・・・・ オーストラリア　190
- 群馬サファリパーク ・・・・・・・・・・・・・・・・ 日本　248
- コモド国立公園 ・・・・・・・・・・・・・・ インドネシア　236

さ

- サンディエゴ動物園 ・・・・・・・・・・・・・・ アメリカ　243
- シーライフ・パーク・ハワイ ・・・・・・・・・・ ハワイ　112
- ジョージア水族館 ・・・・・・・・・・・・・・・ アメリカ　247
- 知床 ・・・・・・・・・・・・・・・・・・・・・・・・・・ 日本　30
- シンガポール動物園 ・・・・・・・・・・・ シンガポール　240
- スチュアート島 ・・・・・・・・・・・・ ニュージーランド　216
- 成都パンダ繁殖育成研究基地 ・・・・・・・・・ 中国　20
- セピロック・オランウータン保護区 ・・・ マレーシア　232
- セレンゲティ国立公園 ・・・・・・・・・・・ タンザニア　42

た

チョベ国立公園	ボツワナ	88
長隆海洋王国	中国	244
ツァボ・ウエスト国立公園	ケニア	50
鶴岡市立加茂水族館	日本	246
東北サファリパーク	日本	249
トレス・デル・パイネ国立公園	チリ	168

な

那須サファリパーク	日本	249
南極	南極	16

は

パジェスタス島	ペルー	176
バッドランズ国立公園	アメリカ	130
バンクーバー島	カナダ	186
パンタナール自然保護地域	ブラジル	162
姫路セントラルパーク	日本	249
フィリップ島	オーストラリア	28
ブウィンディ原生国立公園	ウガンダ	68
富士サファリパーク	日本	248
ベレンティ自然保護区	マダガスカル	98
ヘンリー・ドーリー動物園	アメリカ	242
ボゴリア湖国立保護区	ケニア	12

ま

マーチソン・フォールズ国立公園	ウガンダ	74
マサイ・マラ国立保護区	ケニア	36
マドレーヌ島	カナダ	8
マヌー国立公園	ペルー	152
メルズーガ	モロッコ	108
モントレー湾国立海洋自然保護区	アメリカ	174

や

ヤーラ国立公園	スリランカ	226

ら

ランタンボール国立公園	インド	222
ルハン動物園	アルゼンチン	110
ルミット村	タイ	106
ルレナバケ	ボリビア	158
ローン・パイン・コアラ・サンクチュアリ	オーストラリア	102
ロットネスト島	オーストラリア	208
ロンドン動物園	イギリス	243

わ

ワプスク国立公園	カナダ	134
ンゴロンゴロ自然保護区	タンザニア	56

地球新発見の旅

世界 動物の旅
Travel for Meeting Animals of the World

2014年11月19日　初版第1刷発行

編　者　K&Bパブリッシャーズ編集部
発行者　河村季里
発行所　K&Bパブリッシャーズ
　　　　〒101-0054　東京都千代田区神田錦町2-7 戸田ビル3F
　　　　電話03-3294-2771　FAX 03-3294-2772
　　　　E-Mail info@kb-p.co.jp
　　　　URL http://www.kb-p.co.jp

印刷・製本　加藤文明社

落丁・乱丁本は送料負担でお取り替えいたします。
本書の無断複写・複製・転載を禁じます。
ISBN978-4-902800-45-6 C0026
©2014 K&B PUBLISHERS

本書の掲載情報による損失、および個人的トラブルに
関しては、弊社では一切の責任を負いかねますので、
あらかじめご了承ください。

K&B PUBLISHERS